山东小麦
轻简化栽培理论与实践

◎ 李华伟 王法宏 等著

中国农业科学技术出版社

图书在版编目（CIP）数据

山东小麦轻简化栽培理论与实践 / 李华伟等著 . —北京：中国农业科学技术出版社，2018. 6

ISBN 978-7-5116-3663-8

Ⅰ. ①山… Ⅱ. ①李… Ⅲ. ①小麦—栽培技术 Ⅳ. ①S512.1

中国版本图书馆 CIP 数据核字（2018）第 146675 号

责任编辑	褚　怡　李　华
责任校对	李向荣
出 版 者	中国农业科学技术出版社
	北京市中关村南大街12号　　邮编：100081
电　　话	（010）82109708（编辑室）　（010）82109702（发行部）
	（010）82109709（读者服务部）
传　　真	（010）82106650
网　　址	http://www.castp.cn
经 销 者	各地新华书店
印 刷 者	北京建宏印刷有限公司
开　　本	710mm×1 000mm　1/16
印　　张	9
字　　数	139千字
版　　次	2018年6月第1版　　2018年6月第1次印刷
定　　价	68.00元

《山东小麦轻简化栽培理论与实践》
著者名单

主　著：李华伟（山东省农业科学院作物研究所）

　　　　王法宏（山东省农业科学院作物研究所）

副主著：张　宾（山东省农业科学院作物研究所）

　　　　司纪升（山东省农业科学院作物研究所）

　　　　孔令安（山东省农业科学院作物研究所）

　　　　李升东（山东省农业科学院作物研究所）

　　　　王宗帅（山东省农业科学院作物研究所）

　　　　冯　波（山东省农业科学院作物研究所）

　　　　信彩云（山东省农业科学院水稻研究所）

　　　　关海英（山东省农业科学院玉米研究所）

　　　　禚其翠（山东省农业科学院作物研究所）

　　　　陈昱利（淄博市农业科学研究院）

　　　　裴艳婷（德州市农业科学研究院）

　　　　王　利（枣庄市市中区农业局）

　　　　解孝水（沂水县农业局）

　　　　张　娟（济宁市兖州区农业科学研究所）

前　　言

　　山东省是我国冬小麦种植的优势产区，其播种面积和总产量分别占全国的15.84%和18.20%，单产比全国平均产量高14.90%。

　　山东省地处暖温带，属半湿润性气候区，气候温和，光热资源较丰富，其中胶东和鲁中对强筋和中筋小麦品质形成最为适宜，鲁西北和鲁西南是强筋和中筋小麦品质较优地区，鲁南是强筋小麦较优、中筋小麦优质地区，是我国生态条件最适宜小麦生长的地区之一。2003年以来，山东省小麦种植面积、小麦单产、总产均呈增长趋势。截至2016年山东省小麦最高产量纪录达828.5kg/亩，全省平均产量突破411kg/亩。

　　但是目前山东省的小麦生产与欧美发达国家相比仍然存在较大的差距。发达国家的小麦生产基本实现了农业机械智能化和生产管理精准化，并由此带动了农业资源利用效率的快速提高和小麦生产效益的增加。以水肥利用效率为例，欧美发达国家小麦的水分生产率高达2.3kg/m^3，氮素化肥利用率为50%左右。而山东省井灌区小麦的水分生产率平均仅为1.4kg/m^3，黄灌区仅为1.0kg/m^3，分别仅为发达国家的60.8%和41.7%。山东省小麦生产化肥使用量较大，肥料利用率较低。据有关资料，山东省小麦生产氮、磷、钾利用率分别为23.4%、11.3%和24.6%，远低于我国平均水平（32%、19%和44%）。

　　针对山东省小麦生产中普遍存在的耕种环节繁琐、作业质量低、水肥管理粗放导致的生产效率低、成本高、市场竞争力弱等问题。山东省农业科学院作物研究所小麦栽培团队以轻简省工、节本增效为目标，围绕实现小麦

"耕、种、管"等环节轻简高效的技术瓶颈,创新了优化耕层、轻简耕种、精准施肥、水分调控等关键技术并阐明相关理论机制,建立了适应于不同耕种条件的小麦轻简化栽培技术模式,并实现农机农艺融合,在推广应用中取得了显著的社会效益和经济效益。

本书的编写目的,一是对团队前期的相关研发成果进行阶段性整理和总结,以便查找不足,继续前进;二是作为一份交流材料,请读者及专家指导指正。全书共分三章,分别介绍了山东小麦生产现状、山东小麦轻简化栽培理论研究、山东省小麦轻简化栽培技术。

在本书撰写过程中,得到了单位领导的大力支持,小麦栽培团队成员张宾、司纪升、李升东、王宗帅、孔令安、冯波,淄博市农业科学研究院陈昱利,德州市农业科学研究院裴艳婷,枣庄市市中区农业局王利,沂水县农业局解孝水,济宁市兖州区农业科学研究所张娟等的辛苦付出,在此表示衷心地感谢!

因著者水平有限,又因时间、人力及资料等的限制,书中仍存在错误和遗漏之处,热切希望读者把问题和意见随时告知,以便今后补充修正。

著　者

2018年3月

目　　录

第一章 山东小麦生产现状

第一节 山东小麦生产地位

山东省是我国冬小麦种植的优势产区，该区域位于黄淮海平原东部，自然禀赋优越，土地肥沃，属暖温带季风气候，日照充足，常年降水量在550~950mm，无霜期长，适宜发展小麦生产。山东省是我国小麦的种植和产出大省，优质小麦品种多，产品质量高，为我国多地面粉加工企业提供了原料，同时出口很多国家。

一、山东小麦在我国粮食生产中的地位

山东省小麦常年播种面积稳定在5 000万亩[①]以上，是省内第一大粮食作物，小麦总产量占全省粮食产量的48.8%。2016年山东省小麦播种面积为5 745万亩，总产量2 344.6万t，平均亩产为408.07kg，其播种面积和总产量位居全国各省（自治区、直辖市）第二位，分别占全国的15.84%和18.20%，其单产比全国平均产量高14.90%（中国农业统计资料，2016）。

---

① 1亩≈667m²，全书同

小麦是我国北方居民的主要口粮。从消费构成来看，我国小麦口粮占比约为80%。2011年山东省消费小麦1 690万t，占当年全省小麦总产量的80.33%。由于小麦含有独特的麦谷蛋白和麦醇溶蛋白，能制作多种多样的食品，可以加工成面包、面条、馒头和糕点等多种食品，制品数量之大，花样之多，居各作物之首，其他粮食作物大部分用于肉、蛋、奶转化和工业加工。另外，小麦既是我国最重要的口粮作物，也是支撑山东省食品加工工业的重要作物。

近年来，山东省小麦加工业有较大发展，年加工小麦能力超过3 500万t，居全国第二位。由于山东省是优质强筋和中筋小麦适宜种植区，生产的小麦品质优良，深受面粉加工企业欢迎。目前山东省内面粉企业产品已由原来的以小麦标准粉为主，发展到以特制粉、专用粉为主，开发出面包粉、饺子粉、糕点粉、油条粉和汉堡粉等50余个小麦专用粉品种。

随着粮食产业化经营的深入推进，龙头企业不断发展壮大，涌现出一批经济实力较强的大型面粉加工企业或集团，成为引领行业发展的主导力量。山东省日处理小麦1 000t以上的大型小麦粉加工企业达20余家，全省前10名小麦粉加工企业年加工能力达到550万t，占总量的15%以上。五得利集团东明面粉有限公司、发达面粉集团股份有限公司、山东天邦粮油有限公司、山东半球面粉有限公司年产小麦粉都在50万t以上。

山东省的小麦生产与欧、美等发达国家相比仍然存在较大的差距。目前，发达国家的小麦生产基本实现了农业机械智能化和生产管理精准化，并由此带动了农业资源利用效率的快速提高和小麦生产效益的增加。以水肥利用效率为例，欧、美等发达国家小麦的水分生产率高达2.3kg/m³，氮素化肥利用率为50%左右。而山东省井灌区小麦的水分生产率平均仅为1.4kg/m³，黄灌区仅为1.0kg/m³，分别仅为发达国家的60.8%和41.7%。山东省小麦生产化肥使用量较大，肥料利用率较低。据有关资料，山东省小麦生产氮、磷、钾利用率分别为23.4%、11.3%和24.6%，远低于我国平均水平（32%、19%和44%）。生产管理技术粗放导致山东省小麦的生产成本居高不下，市场竞争力严重不足。以面粉加工企业急需的优质强筋小麦为例，当前进口优质强筋小麦的到岸价为1 900元/t左右，而国产优质强筋小麦的销售价高达2 800元/t左右。

二、山东小麦生产发展的优势与潜力

山东省是我国生态条件最适宜小麦生长的地区之一，也是单产水平较高的小麦主产区之一。该区域地处暖温带，属半湿润性气候区，气候温和，光热资源较丰富，其中胶东和鲁中对强筋和中筋小麦品质形成最为适宜，鲁西北和鲁西南是强筋和中筋小麦品质较优地区，鲁南是强筋小麦较优、中筋小麦优质地区，这对山东省发展优质小麦产业非常有利。

近年来，山东在全省范围内实施了高产创建项目，充分挖掘了小麦增产潜力，通过示范作用带动全省小麦增产。为实现全省小麦连续增产发挥了重要作用，同时积累了高产经验，为未来小麦持续增产打下了基础。

为保持小麦增产的可持续性，国家和山东省各级政府出台多项鼓励粮食生产的优惠政策，并拨付专项资金支持小麦生产，如国家新增千亿斤粮食生产项目、山东省财政农业综合开发配套资金、农业节水灌溉专项资金等。另外，政府全面取消农业税，实行粮食直接补贴制度、农资综合补贴制度，实施良种推广补贴项目、大型农机具购置补贴项目等。这些资金支持和政策性投入直接或间接地增加了种粮收益，调动了粮农的生产积极性，促进了小麦生产的发展。

"十二五"期间，山东省小麦生产经营主体有了新的发展。土地确权登记颁证和农村土地流转相关政策的颁布实施，促进了土地流转承包和机械化水平的发展，粮食生产专业合作社、种粮大户、家庭农场的发展迅速，目前山东省土地流转面积超过2 569.5万亩，占家庭承包土地面积的27.3%，加上各类农业社会化服务组织通过建立紧密型生产基地、开展土地托管服务的面积，全省承包土地规模经营化率已达40%以上。这有利于新品种、新技术的推广，有利于小麦产量和品质的提高。

"十二五"期间，山东省小麦生产技术水平不断提高。近年来，重点推广了小麦精量播种高产栽培技术、半精量播种高产栽培技术、氮肥后移高产栽培技术、宽幅精播高产栽培技术、规范化播种高产栽培技术和深耕深松综合高产技术等，在生产上发挥了显著的增产效果，为山东省小麦持续增产发挥了较大的促进作用。小麦生产机械化水平不断提高，目前已达96%，基本实现全程机械化。农业机械化作业水平的提高将有力地促进小麦生产的发展。

第二节　山东小麦生态分区

山东省地域辽阔，地形复杂，气候多样，各地的生态条件有较为明显的差异；小麦的品种类型、播种期、成熟期均有差别。为更好地指导小麦生产，将山东省麦区划分为以下4个区域。

一、胶东丘陵冬性晚熟类型区

该区位于山东省东端，南、东、北三面环海，西以胶莱河为界，包括青岛、烟台、威海3市的全部和潍坊市的东部地区，共23个县（市、区）。近年来，小麦播种面积稳定在900万亩左右，约占全省麦田面积的15%。本区年平均气温11.0~12.5℃，1月平均气温-4.1~-1.6℃，极端最低气温-25.5~-13.1℃，年降水量737.3mm，小麦生育期内降水量223.7~310.8mm。以种植冬性小麦品种为主，其中，分蘖能力较强，分蘖成穗率较高的多穗型品种较易获得高产。该区适合早播，9月25日至10月5日为适播期，有利于增加分蘖和提高分蘖成穗率。但由于玉米晚熟，一般播期在10月15—20日。该区是全省4个生态类型区中成熟最晚的地区。

二、鲁西北平原冬性半冬性中晚熟类型区

该区位于山东省北部，东起胶莱河，北濒渤海和莱州湾，西北部和西南部分别与河北、河南接壤，南临鲁中山、丘、川类型区，共涉及8个市（地），55个县（市、区）。小麦播种面积2 000多万亩，占全省小麦总面积的35%左右，是全省小麦的最大产区。本区年平均气温12.1～13.4℃，1月平均气温-4.1～-2.6℃，极端最低气温-27℃，平均年降水量610.9mm，小麦生育期内降水量162～219.9mm。该区北部毗邻渤海湾畔的县区多种植冬性和强冬性品种，南部种植冬性和半冬性品种。小麦播种期以10月1—10日为宜，小麦成熟期早于胶东丘陵晚熟类型区。

三、鲁西南平原湖洼半冬性早熟类型区

该区位于山东省的西部和南部。西、南及西北靠河南、安徽、江苏3省，东和北与鲁中山、丘、川生态类型区相连，共涉及5个市（地），28个县（市、区）。小麦种植面积1 700万亩，占全省小麦面积的29%左右。该区光热资源充足，水资源相对较多。1月平均气温-0.8～-1.9℃，极端最低气温-24.9～-15.8℃，年降水量平均773mm，鲁南较多，向西、北逐渐减少。小麦生育期内降水量201.4～291.7mm。该区以种植半冬性品种为主，小麦播种期较晚（适播期10月5—15日），小麦成熟期在全省最早。

四、鲁中山、丘、川半冬性中早熟类型区

该区位于山东省中部，北与鲁西北类型区的山前倾斜平原接壤，西南与泰安、济宁、枣庄及临沂地区的鲁西南类型区毗邻，东与胶东类型区接壤，共涉及9个市（地），43个县（市、区）。该区小麦种植面积1 260万亩左右，约占全省小麦种植面积的21%，是全省土地面积较多，山丘面积最大，灌溉面积最少，小麦平均产量最低的一个类型区。本区年平均气温

12.3～13.6℃，1月平均气温−1.8～3.5℃，极端最低气温−25.6～−16.0℃，年平均降水量746.8mm，小麦生育期内降水量187.9～262.4mm。区内山区以冬性品种为主，平原地区以种植冬性和半冬性品种为主。

第三节　山东小麦产量水平

2003年以来，山东省小麦种植面积、小麦单产、总产均呈增长趋势。至2016年山东省小麦最高产量突破纪录达828.5kg/亩，全省平均产量突破411kg/亩。由于不同生态类型区光温资源不同，山东省不同生态点产量水平存在差异；同一生态点不同田块产量和资源利用效率也存在着显著差异。

一、山东小麦生产发展历程

山东省常年种植面积在5 000万亩以上。山东省的小麦面积占全省粮食作物播种面积的40%左右，总产占粮食总产近50%。新中国成立以来，山东省小麦生产不断发展。20世纪50年代山东省的小麦种植面积为5 400万亩左右，平均亩产40kg，总产230万t左右；60年代，全省小麦总产达到300万t以上；70年代小麦总产量提高到800万～900万t；80年代的农村改革极大地促进了小麦生产的发展，1986年小麦总产猛增到1 562万t；1993年达到1 936万t，平均单产达到310.5kg；1997年山东省小麦的播种面积为6 059.9万亩，总产超过2 242万t，平均单产实现了创历史纪录的370kg/亩。2003年以来，全省小麦种植面积及单产都稳步上升，2016年总产达到234.46亿kg，平均单产突破410kg，实现了连续14年丰收，连续9年稳定在200亿kg以上（图1−1）。

1997年，山东省龙口市'8017−2'就已经突破700kg/亩，产量高达731.7kg/亩；2014年招远市辛庄镇马连沟村10亩攻关田平均亩产达到817kg，首次突破了800kg/亩；目前省小麦单产的最高纪录是2016年的莱州

'烟农1212'实现了亩产828.5kg（莱州市金海农业科学研究所）。2009—2015年期间，山东省小麦实打验收在181个点次产量超过700kg/亩，42个点次超过750kg/亩（图1-2），小麦品种产量潜力已经达到相当高的产量水平，而全省小麦平均单产410kg/亩，从生产角度，提高单产的潜力很大。

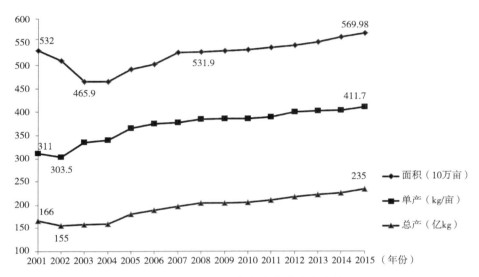

图1-1　2001—2015年山东省小麦生产情况

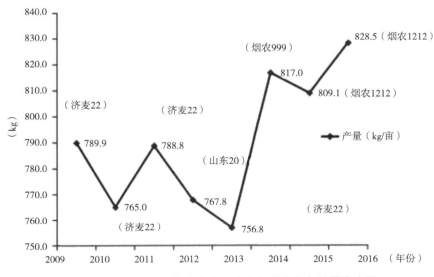

图1-2　2009—2016年山东省小麦实打验收每年的最高产量

二、山东不同生态类型区小麦产量差异

（一）不同生态区小麦产量水平及差异

通过入户调研的方式，对2014—2017年在山东鲁中淄博、鲁南济宁、鲁西德州和胶东烟台4个典型小麦生产区，针对不同产量水平田块（高产创建、高产示范和农户田块）的产量和资源利用效率进行了调研。结果表明2014—2017年，4市高产创建平均产量稳步在750kg以上，而高产示范区平均产量都在600kg左右，农户产量烟台较高，德州较低，4市不同产量水平田块之间，产量差异显著，其中德州市高产创建与农户间产量差高达319.7kg（表1-1）。

表1-1　4生态点小麦不同产量水平及差值

生态点	产量（kg）			产量差（kg）		
	高产创建田（Yr）	高产示范田（Yp）	农户田（Yd）	Yr-Yp	Yr-Yd	Yp-Yd
烟台	787.4	620.7	530.0	257.4	166.7	90.7
德州	771.7	599.1	452.0	319.7	172.5	147.1
淄博	752.0	605.7	466.0	286.0	146.3	139.7
济宁	757.2	601.0	507.0	250.2	156.1	94.0
平均	767.1	606.6	488.8	160.4	278.3	117.9

（二）不同产量水平田块水肥利用效率差异

通过4市农户施肥情况调查发现，和高产创建及高产示范相比，农户普遍氮肥施用量较高，但磷、钾肥施用量较少，有机肥几乎不施，同时相当一部分农户将肥料以"一炮轰"的形式全部作基施，而6：4比例施肥方式最为常见，肥料运筹的不合理是造成产量差异的原因之一。

高投入，低产出，农户氮肥偏生产力明显要低于高产创建和高产示范田，其中烟台地区高产创建和普通农户间氮肥偏生产力差异达到了19.6kg/kg（表1-2）。

表1-2　不同产量田块氮肥偏生产力及偏生产力差

生态点	氮肥偏生产力（kg/kg）			氮肥偏生产力差（kg/kg）		
	高产创建（Yr）	高产示范（Yp）	普通农户（Yd）	Yr-Yp	Yr-Yd	Yp-Yd
烟台	32.84	39.37	19.78	−6.53	13.07	19.60
德州	31.87	32.15	18.45	−0.28	13.42	13.70
淄博	33.65	34.99	18.27	−1.34	15.37	16.72
济宁	25.04	29.12	16.68	−4.08	8.36	12.44
全省	30.45	32.30	18.24	−1.85	12.21	14.06

通过对调查农户和高产田灌溉用水量，计算其灌溉水偏生产力，发现高产创建田块灌溉水偏生产力明显高于高产示范田以及普通农户田块。高产创建灌溉水偏生产力较普通用户高出2.6～2.9kg/m³，比高产示范田块高出了1.8～2.2kg/m³，高产示范田块较普通农户高出0.5～0.8kg/m³（表1-3）。

表1-3　不同产量田块灌溉水利用效率及利用效率差

生态点	灌溉水肥利用效率（kg/m³）			灌溉水利用效率差（kg/m³）		
	高产创建（Yr）	高产示范（Yp）	普通农户（Yd）	Yr-Yp	Yr-Yd	Yp-Yd
烟台	5.4	5.9	3.2	−0.5	2.2	2.7
德州	3.8	4.3	2.6	−0.5	1.2	1.7
淄博	4.1	4.8	1.9	−0.7	2.2	2.9
济宁	3.9	5.2	2.3	−1.3	1.6	2.9
全省	4.3	5.05	2.5	−0.75	1.8	2.55

第四节　山东小麦产量提升限制因素及技术对策

一、山东小麦不同产量水平产量提升限制因素

通过对山东省小麦生产全程分析发现，播种量偏高、氮素化肥施用过多、过度浇水以及机械作业过于频繁是导致山东小麦产量提高的主要限制因素。

（一）播种量偏高，播期不准

众所周知，小麦是分蘖成穗的作物，有极强的群体自动调节能力。适期播种的小麦有秋季和来年春季两次分蘖高峰。适期早播情况下，秋季分蘖多，春季分蘖少；适期晚播情况下则秋季分蘖少，春季分蘖多；基本苗少则单株分蘖多，基本苗多则单株分蘖少。研究发现，决定单位面积穗数的主要因素是土壤质量（包括土壤质地、土层厚度及土壤肥力水平等因素）；当单位面积穗数相当的情况下，基本苗越少，越利于培育壮苗，群体质量越高，单株成穗越多，小麦的抗病和抗倒伏能力越强，单位面积产量越高；反之，基本苗越多，越不利于培育壮苗，群体质量降低，单株成穗越少，小麦的抗病和抗倒伏能力越差，单位面积产量反而降低。鲁西南、鲁西北及鲁中地区的多数农户"有钱买种，无钱买苗"的陈旧观念相当普遍，每公顷播种量达225～300kg非常普遍，多的甚至达到450kg，比精播半精播多出225kg左右。不仅大幅度增加了小麦生产成本（小麦良种市场价5.0元/kg左右），而且由于基本苗过多，小麦群体内通风透光不良，田间湿度过高，容易导致小麦纹枯病、白粉病等常见病害的偏重发生和生育后期的倒伏，降低小麦籽粒产量和品质。近几年来由于暖冬现象严重和频繁，可以考虑适当推迟播种时间，冬前日平均气温达到0℃时小麦进入越冬期，这时冬性和半冬性品种主茎叶龄为6叶1心至7叶时为壮苗，达到8叶时即为旺苗，有可能提早拔节。

（二）过度施氮肥，营养元素不均衡

我国的粮食生产过度依赖氮肥的现象十分普遍。据联合国粮农组织2004年统计，我国的耕地面积占全球耕地面积的10%左右，而氮肥的消费量却占全球氮肥消费量的27%；到2009年我国氮肥（纯氮）使用量达到3 690多万t，占世界消费量的35%以上，生产这些氮肥需消耗1亿多t标准煤。目前，我国有200个县的氮肥（纯氮）施用量达到522kg/hm^2，折合尿素1 134.8kg/hm^2；按2002年用肥和种植面积计，我国单位面积平均施氮肥量为美国的2.88倍，巴西的5.79倍，澳大利亚的8.85倍。随着氮肥的超量使用，一方面氮（N）偏生产力（每千克纯氮生产的粮食产量）在快速下降，20世纪60年代我国刚刚开始使用氮肥时氮（N）偏生产力为151kg/kg，10年后（70年代）下降到46kg/kg，20年后（80年代）下降到18kg/kg，到2005年持续下降到9kg/kg，氮肥报酬递减现象十分明显，不仅如此，氮肥的超量使用还会加重小麦纹枯病、白粉病、根腐病、全蚀病、赤霉病等病害，降低小麦茎秆的机械强度，从而加重小麦倒伏减产；另一方面，随着氮肥的过量施用，氮素在麦田土壤中的积累量由20世纪80年代初的40～80kg/hm^{2}快速增加到90年代的80～170kg/hm^2，2000年前后攀升到200kg/hm^{2}左右。氮素在土壤中极易流动，据奥地利建筑供水专家调查，随着农业灌溉和降水，氮素在沙壤土可以渗漏到20～23m深的土层，在壤土可以渗漏到14～16m深的土层，在黏土也能渗漏到4～6m深的土层；而小麦虽为深根作物，但黄淮海麦区最多可以扎到2.5m深的土层。可见，氮肥的超量使用不仅增加了生产成本，而且还会造成严重的农业面源污染。而目前生产上，只一味重视氮肥的施用，却轻视了磷肥和钾肥的配施。

（三）频繁浇水，管理粗放

小麦是需水较多的大田作物，但浇水过多同样会造成减产。山东省引黄灌区一次灌水用量较大，农民的经验是多数年份浇2水的小麦单产高于浇3水的；2013年5月因降水过多（降水量比常年偏多82%），在保水保肥能力较强的黏壤土上，小麦产量浇1水的最高，浇2水的次之，浇3水的最低。之所以出现上述"反常"现象是因为土壤肥力是影响小麦产量高低的最主要因素，而土壤肥力因素包括"水、肥、气、热"4个方面，其中，水、气2个因素不仅相互矛盾，而且还对其他2个因素（肥和热）有调节作用。通常情况下，水多则气少，气少则导致根系无氧呼吸影响根系活力，根系活力差则影响地上部的生长发育，进而影响产量。据研究，小麦的根系生长在抽穗期达到高峰，此后开始衰亡，故生育后期"养根、护叶、保粒重"是小麦高产的关键。正常情况下，土壤水气协调则根系衰亡慢，小麦籽粒饱满产量高；土壤水多气少则根系衰亡快，籽粒秕瘦产量低；所以，小麦生育后期浇水要特别慎重。黏壤土高产田抽穗后浇水极易造成小麦早衰而大幅度减产，类似实例生产上屡见不鲜。

（四）机械作业频繁，土地质量下降

"小麦七分种，三分管"，打好播种基础，提高播种质量对小麦丰产非常重要。为实现这一目标，传统小麦种植一般采用深耕-旋耕-耙压-播种-播后镇压5道机械作业程序。上述机械作业程序虽然保证了小麦播种质量，但副作用也不少。首先，频繁的机械作业不仅破坏土壤结构，增加土壤水蚀和风蚀，而且破坏土壤动物和土壤微生物的生存环境，不利于土壤肥力的持续提高；其次，机械作业过于频繁显著增加生产成本。再次，连续多年种麦前只旋耕不耕翻的麦田，在旋耕的15cm以下形成坚实的犁底层，导致耕层变浅，会发生播种过深的现象，造成深播弱苗，严重影响小麦分蘖的发生，造成穗数不足，影响麦田肥力的发挥和蓄水能力，导致冬季冻害加重。所以，无论从经济还是生态角度，机械作业过于频繁都是不可取的。

二、提升小麦产量和效益的技术对策

针对山东省小麦目前生产过程中，播种量过大、氮素化肥施用量偏多、过于频繁的机械作业和过度浇水等造成小麦产量难以提高、生产成本增加、比较效益不高等问题。推广普及以精量半精量播种、科学合理肥水管理和少免耕栽培为核心的轻简化小麦生产技术是提高小麦生产比较效益的有效途径。

（一）推广普及小麦精播半精播技术

推广普及小麦精播半精播技术，适当降低播种量，不仅有利于改善田间通风透光条件，降低田间湿度，提高小麦的抗病和抗倒伏能力，而且有利于减少无效分蘖，提高分蘖成穗率和水肥利用效率，从而建立高产低耗的群体结构。据调查，山东省小麦单产较高的龙口市、莱州市、兖州区、桓台县、岱岳区、诸城市等均为小麦精播半精播技术推广普及程度较高的县（区）。自20世纪90年代以来，小麦高产攻关超过10 500kg/hm^{2}的地块（分别为龙口、莱州、桓台、昌乐、岱岳、兖州、滕州、新泰、曹县、高密、诸城和平度等地），其基本苗多为195万株/hm^{2}左右（播种量97.5kg/hm^2），其中，创造我国冬小麦高产纪录（11 848.5kg/hm^2）的地块（滕州市级索镇）基本苗仅为180万株/hm^2。从当前的小麦生产实际出发，在保证小麦播种质量的前提下，适期播种（胶东地区：10月1—10日；鲁中和鲁北地区：10月3—12日；鲁南和鲁西南地区：10月5—15日）条件下，小麦适宜播种量为90～120kg/hm^2。播量过大易造成冬前旺长，从而加重病害和后期倒伏。

（二）科学合理施肥

山东省的小麦单产为6 000kg/hm^{2}左右，按产100kg籽粒需要3kg纯氮计算，麦田单位面积施氮量应为180kg/hm^2，折合尿素390kg/hm^{2}即可；即使单产9 000kg/hm^{2}的水浇地，单位面积施氮量达到225kg/hm^2，折合尿素489kg/hm^{2}即可。小麦为越年生作物，当年的秋末播种，来年夏初成熟，经历秋、冬、春、夏4个季节，全生育时期长达250d。其中，自播种到返青约150d，占全生育期的60%，但小麦生长量小，吸收的肥料不足全生育期吸肥量的20%；返青后，随着气温的升高，小麦的生长量迅速增加，至成熟虽不足100d，仅占全生育时期的40%，但吸肥量却占全生育期吸肥量的80%以上。为了保证小麦全生育时期养分的均衡供应，须根据小麦的需肥规律，在施用基肥的基础上春季需肥高峰期进行追肥。为此，建议大面积生产上施375kg/hm^{2}磷酸二铵（或三元复合肥450～525kg/hm²）作基肥的基础上，春季追施尿素300kg/hm²左右较为科学，而现实生产中，70%以上的种植户施肥量是上述推荐施肥量的2倍左右。可见，小麦生产中通过科学施肥降低生产成本的潜力还是很大的。

（三）合理浇水"树老根先死，麦老根先衰，根深则叶茂，本固则枝荣"

对小麦根系的系统研究证明，单位土体的根系活力决定了单位面积的小麦产量，而气象条件和土壤质量决定了单位土体的根系活力。小麦播种出苗后，根系活力随小麦的生长发育不断增强，抽穗期达到全生育期的高峰，此后根系开始衰亡。而抽穗后才是形成产量的关键时期，故根系的衰老和小麦产量的形成是同步进行的。抽穗后根系衰老慢则千粒重高，衰老快则千粒重低；而小麦生育后期根系衰老的快慢与土壤的通气状况有密切关系，通气状况好，根系的呼吸代谢正常则衰老慢，通气状况差，根系进行无氧呼吸则衰老快。所以，为了保证生育后期麦田土壤良好的通气条件以延缓根系衰老，小麦生育后期，尤其是籽粒灌浆期一般不宜浇水。正常年份足墒播种条件下，小麦浇越冬水、起身拔节水和孕穗挑旗水足以。

（四）推广轻简化耕作技术

目前，粮食生产中节本增效保护性耕作技术的核心是秸秆还田和免耕播种。与传统耕作相比，该技术的主要优点是节水、省肥、保护土壤、有利于农田生态系统的生物多样性和农业生产的可持续发展。这一技术在美国、加拿大、巴西、乌拉圭、阿根廷、新西兰和澳大利亚等国家已经大面积应用。山东省农业科学院作物研究所和山东省农业机械技术推广站合作，根据保护性耕作的原理研制成功了"小麦两深一浅简化栽培技术"（深松打破犁底层促进根系生长，分层深施肥提高肥料利用率，圆盘开沟器适当浅播），并研制出了集苗带旋耕、振动深松、分层深施肥、播种及播后镇压等复式作业于一体的配套播种机，实现了农机与农艺的配套。该技术集苗带旋耕为小麦创造良好种床、振动深松打破犁底层促进小麦根系下扎建立强大根群、分层深施肥（17～20cm和12～15cm）提高养分利用率、圆盘开沟器双行播种保证播深深浅一致、播后镇压确保小麦苗全苗齐苗匀苗壮等复式作业一次完成，不仅大幅度降低播种环节的机械作业成本，而且可避免对土壤结构的破坏，实现了节水、省肥、保护土壤、节本增效的目标。与传统耕作相比，该技术节本增效2 250元/hm²以上，深受种粮大户的欢迎，截至2013年秋种已在郓城、嘉祥、鄄城、兖州、章丘、平度等县（市）示范推广20×10⁴hm²以上。山东东明麦丰小麦种植业合作社2013年秋种引进1台播种机播种26.7hm²，2014年计划引进20台播种机播种866.7hm²。影响小麦等大田作物产量的重要因素首先是气象条件（光、温、水等），其次是土壤质量，良种良法配套是排在第3位的措施。在目前人类还不能人为控制气象条件的情况下，培肥地力成为提高作物产量的最重要的技术措施。近年来对小麦高产创建田的跟踪调查发现，土壤有机质含量与小麦产量密切相关，土壤有机质含量为1%左右，小麦单产7 500kg/hm²左右；土壤有机质含量1.2%左右，小麦单产9 000kg/hm²左右；当麦田土壤有机质含量提高到1.5%以上时，小麦单产可以达到10 500kg/hm²以上。当前提高土壤有机质含量的主要措施是秸秆还田。从营养和能量的角度考虑，4kg秸秆相当于1kg粮食，作物秸秆是宝贵的农业资源。据调查，黄淮海地区，小麦玉米秸秆还田，每年可增加土壤有机质含量0.03%左右，连续的秸秆还田可以持续提高土壤肥力，从而提高土壤产出能力。国际玉米小麦改良中心自1990年以来的长期定位试验充分证明，作物秸秆还田地块产量持续提高，而秸秆焚烧地块则产量快速下降。随着国家对种粮农民财政补贴资金的不断增加和粮食价格的不断提高，只要农民掌握了科学种田知识，粮食生产节本增效的空间还是很大的，粮食集约化、规模化生产的效益还是有保障的。

第二章 山东小麦轻简化栽培理论研究

第一节 光温水肥资源的匹配

一、山东小麦生长季光、温资源分布

冬小麦全生育期间（10月上旬至6月中旬），全省常年平均气温在12℃左右，各地平均气温分布不均匀，胶东地区较低，而鲁南地区较高（图2-1）。全省17市小麦在进入12月开始陆续进入越冬期（表2-1），由于近年来气候变化，冬前温度增加，各地区进入越冬期的时间也随年份有所推迟。冬前（10月上旬至12月中旬），全省平均累计积温720℃左右，其中，鲁南大部，鲁西北、鲁中及半岛的部分地区在800℃以上；鲁西北西部、鲁中及半岛的部分地区在750℃左右，其他地区在750～800℃。全省平均累积日照时数1 700h左右，日照资源充足。

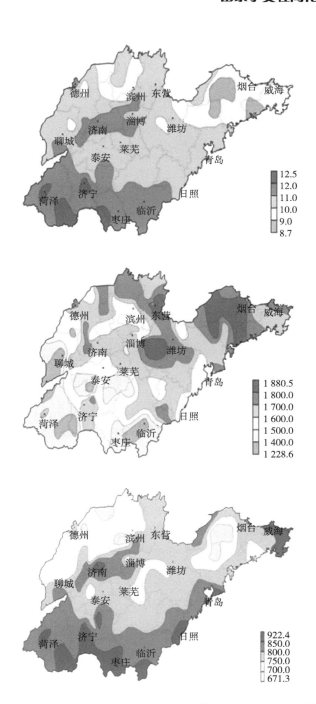

图2-1　山东小麦生长季平均气温（℃，左图），日照时数（h，中图）和冬前积温（℃，右图）

表2-1　山东省17市小麦进入越冬期时间

地市	进入越冬期日期
威海、烟台	12月1—10日
潍坊、青岛	12月5—15日
济南、东营、聊城、淄博、滨州、德州	12月10—20日
枣庄、泰安、济宁、临沂、菏泽、日照、莱芜	12月15—25日

二、光、温资源对小麦生长的影响

（一）温度对小麦生长的影响

小麦从出苗到成熟所经历的时间叫做全生育期。全生育期及各生育期的长短主要决定于两个方面：一是小麦本身的品种特性，如山东省的春小麦一般2月底到3月中旬出苗，6月中旬前后收获，全生育期需100~120d；冬小麦一般自9月下旬至10月中旬出苗，6月上旬至中旬收获，全生育期需230~270d。二是受气候环境因素的影响，特别是温度因子。小麦完成生育期必须得满足一定的温度要求，如山东省春小麦全生育期，必须满足1 500~1 700℃的积温，冬小麦则必须满足2 100~2 400℃的积温。

在小麦一生的生长发育过程中，温度起着至关重要的作用。首先，温度的高低变化是确定小麦播期的关键因素。在土壤水分适宜的情况下小麦发芽的最适温度为20~30℃，最低温度为1~2℃，最高温度为38~40℃。山东省小麦适宜的播期为日平均温度16~18℃，若日平均温度低于10℃或高于20℃时播种难以形成壮苗。其次，温度影响小麦生育速度。在北方的冬小麦，当平日均气温下降到0℃以下时，就停止生长，进入越冬期。山东省鲁西北平原地区因受冬季来自西伯利亚冷空气的影响，小麦早在11月中旬就已进入越冬期，而鲁西南等地受冷空气影响晚，小麦越冬期要等到12月上旬才开始。等到来年春季，当日平均气温稳定在3℃，天气晴朗时的午间温度可达10℃

左右时，新生分蘖、根和叶片都将明显生长，小麦进入返青期；在气温稳定通过5℃以后，小麦进入春季分蘖期。

在发生分蘖的过程中，小麦分蘖对环境温度的反应是十分敏感的，当日平均气温在0℃时，一般不产生分蘖，日平均气温3～6℃时分蘖缓慢生长；6～13℃是小麦分蘖稳健生长的温度；分蘖生长最快的温度为13～18℃，但易形成徒长的旺苗；18℃以上分蘖的发生受到抑制。受温度的影响，山东省冬小麦的分蘖主要集中发生在两个时段，一是10月中下旬日平均气温下降到18℃以下时开始，到11月底或12月上旬日平均气温下降到0℃时为止的冬前分蘖期，正常年份持续35d左右，冬前分蘖期间日平均温度6～13℃的天数越多，形成的壮蘖也越多；第二个时期是春季分蘖期，山东省各地一般从3月上旬至4月初，约持续30d。在冬前亩茎数充足情况下，春季分蘖通常为无效分蘖，因此，在栽培上主要是掌握对冬前分蘖期的利用，应采取栽培措施控制无效分蘖的发生，促进分蘖的两极分化，提高冬前大蘖成穗率。

随着气温的进一步回升，小麦进入拔节期。进入拔节期后，根、茎、叶等营养器官迅速生长，幼穗也开始进入以小花分化为中心的生殖生长中心，此期是营养生长和生殖生长并进阶段，是决定产量的关键时期，管理上既要注意加速小分蘖的消亡，确保大分蘖成穗，又要防止小花退化，争取壮秆、大穗、多粒。小麦拔节期所要求的适宜气温为12～16℃，在此温度范围内，小麦茎秆生长较快，但经验显示，此期温度在适宜范围内偏低一点，有利培育壮秆，并能延长小花分化的时间，有利增加穗粒数。

在小麦灌浆阶段，温度对灌浆开始时间、灌浆持续时间及灌浆速度都有很大的影响。小麦返青之后，必须要有足够的积温才能开始灌浆，据多年的统计，自返青至灌浆所需积温大约在1 160℃。因而，当春季温度偏高的年份，抽穗期提前，灌浆开始的时间也将提前。已知小麦粒重＝灌浆速度×灌浆时间，由此可知，既有较长的灌浆时间，又有较快的灌浆速度才能获得较高的粒重。小麦灌浆时间的长短主要取决于温度条件。灌浆期的适宜温度为20～22℃，上限温度为26～28℃，下限温度为12～14℃，灌浆期内如果是在适温偏低范围内，则灌浆持续时间长，千粒重高。小麦灌浆速度主要是由其遗传因素所决定的，但也受气象条件的影响，主要是温度的影响。温度对灌浆速度的影响主要体现在3个方面：一是灌浆日平均温度的影响，二是最高气温的影响，三是昼夜温差的影响。当日平均气温在16～22.5℃时，随温度升高，灌浆速度加快，几乎呈直线上升，22.5℃时灌浆速度最快，高于22.5℃则随温度升高灌浆速度减慢。温度偏低对延长灌浆时间和提高灌浆速度都十分有利。利于灌浆的日最高气温在26～28℃较为适宜，温度过高，器官失水加速，引起早衰影响灌浆的进行。灌浆期间白天温度适宜，昼夜温差大，可增加光合产物的积累，减少消耗，有利于增加粒重。经验证明，小麦籽粒灌浆期，无干热风或干热风较轻的年份，灌浆时间长，千粒重高，易获高产。

（二）光照对小麦生长的影响

光是小麦生长发育的基本动力。光照在小麦的生长发育过程中主要扮演着两方面的作用，第一，为光合作用提供能量，将光能转化为化学能储存在淀粉等有机化合物中；第二，调节小麦的生长发育进程。

小麦生长早期，适度的光照是小麦通过光照阶段发育的必要条件。在小麦生育前期，较强的光照有利于分蘖的发生和健壮生长，为小麦丰收打下良好基础；在小麦生育中期，光照时间和光照强度均会影响小麦小穗的分化。缩短日照，穗分化时间相应延长，有利于小穗数目的增加和形成大穗；光照强度不足，不仅降低小穗分化速度，使小穗数目减少，而且使小穗退化数目增加；在小麦生育后期，光照对籽粒的形成和灌浆有着重要影响，光照时间和光照强度直接决定着小麦籽粒产量的高低。在小麦籽粒形成期，光照不足，特别是阴雨天气，易导致受精不良或籽粒退化；在小麦灌浆期，充足的光照，有利于提高灌浆速度，确保粒大粒饱；阴雨天较多时，粒重明显降低。农民群众的经验是，干旱年份，水浇地小麦增产；多雨年份，水浇地小麦减产，充分说明了光照对小麦产量的重要意义。

小麦的产量主要是由在小麦生育期内单位群体小麦进行光合作用合成的干物质的量决定的。因而，小麦产量的高低，主要决定于群体的合理程度，即决定于群体的大小、组成、分布及其动态变化，还决定于群体的光合性能。绿色植物只有在光照达到一定强度（光补偿点）的情况下才能进行光合作用，但是超过一定的强度（光饱和点）就会抑制光合作用的进行。因而如何合理密植，建立良好的群体结构，使得小麦群体的上下部获得的光能均匀，这是栽培上的关键。所谓合理，是指群体内光合功能最旺盛的叶片，能获得充足的光能；所谓均匀，是指群体上部叶片受光量不超过光饱和点，下部叶片受光量不低于光补偿点。因此，创建合理的群体结构，其关键是合理确定苗数、穗数、株型和叶面积系数。

（三）播期、播量对小麦产量的影响

建立合理的群体结构，缓解群体发展与个体发展的矛盾，充分利用光能和地力，协调发展穗数、粒数、粒重，是达到高产的根本途径。高产群体质量指标是指能反映个体与群体源库关系协调，具有较高的光合效率和经济系数的群体的主要形态特征与生理特性的数量指标。群体的大小（单位面积基本苗数、总茎数、穗数、叶面积指数、干物质积累动态和根系）和群体的分布等都是小麦群体结构的重要指标。

播期和播量是影响小麦产量形成的两个重要因素。播期和播量会因生态条件不同，使生育过程表现差异。播期主要从生殖生长方面影响小麦个体素质，进而影响群体素质，突出表现为生育进程的超前或滞后；小麦适期播种可以充分利用冬前的光热资源，培育壮苗。播种期越晚，退化小穗数越多，结实小穗数越少，穗粒数越少。播量主要从营养生长方面影响小麦个体素质（植株的大小、叶面积的大小、群体的透光性能等），同时影响群体素质，突出表现为横向生长的拓展或紧缩。密度适宜有利于缓解群体与个体的矛盾，建立合理的群体结构，利于穗数、穗粒数和粒重的协调发展。

山东省不同生态类型区，光温资源不一，所以因地制宜确定最佳的播期和播量，从而创造合理的群体结构，才能更好地利用光能和地力。尤其，近年来随着气候的变暖，小麦冬前积温不断升高、越冬期负积温不断降低，加上玉米夏直播、适期晚收技术的推广应用，小麦播期存在着客观的逐步推

迟。原有行之有效的栽培技术体系，不同程度地显现出不适应。掌握不同生态区适宜的播种期和密度使小麦群体协调发展，对指导和规划山东省小麦生产具有重要意义。

山东小麦从播种至越冬开始0℃以上积温570~650℃为宜。各地要在试验示范的基础上，因地制宜地确定适宜播期。鲁东、鲁中、鲁北的小麦适宜播期一般为10月1—10日，最佳播期为10月3—8日；鲁西的适宜播期为10月3—12日，最佳播期为10月5—10日；鲁南、鲁西南的适宜播期为10月5—15日，最佳播期为10月7—12日。

在适期播种的范围内，要根据品种、地力、土质、墒情等情况具体安排播种的先后顺序。一般说来，冬性品种可早播，半冬性品种应适当晚播，瘦地发苗慢可早播，肥地发苗快应晚播；在土壤墒情差的情况下应抢墒早播。

基本苗是小麦群体结构形成的起点，对小麦群体的发展及合理性具有关键作用。合理的基本苗能很好地协调个体与群体的关系，使之能充分利用光能和地力，既能发挥个体的潜力，又能使单位面积上有足够的苗数和穗数，穗足、粒多、粒重、高产。确定基本苗要"宜地力定产量，以产量定穗数，以穗数定冬前总蘖数，以冬前总蘖数定基本苗"，并要求综合考虑地力、品种特性、播期等因素。

麦田基本苗的确定主要跟播期和土壤肥水条件有关。播期较早的因分蘖时间较长，能够形成足够的穗数，基本苗应比晚播的略少。从肥水情况来看，应把握住"瘦田宜稀，中肥田稍密，肥田又宜稀"的原则。瘦田小麦，如基本苗过多，因营养不足，群体发育不良，易造成有限的肥水消耗在植株的营养生长上，结果穗小粒少，显著减产；如基本苗较少，则可通过小麦个体的自动调节，使小麦群体与水肥状况相适应，也可以获得较好的产量。在中肥水地力的情况下，适当增加基本苗数，以提高每亩的总蘖数、穗数，达到合适的叶面积系数，充分利用光能，获得高产；但在高肥水的地块，由于肥水充足，小麦生长旺盛，基本苗过多易导致群体过度发展，拔节后群体郁蔽，通风透光不良，影响个体的正常发育，不仅加重病害，而且易造成倒伏减产。

据山东省各地的研究与实践表明，水浇条件好，土壤肥沃，土层深厚，土壤理化性质好的地块，宜采用精播高产栽培技术，基本苗以8万～12万株/亩为宜。水浇条件和土地肥力中等的情况下，基本苗在12万～15万株/亩为宜。土壤肥力低的地块，基本苗以10万～13万株/亩。晚于适宜播种期播种，每晚播2d，每亩增加基本苗1万～2万株。

三、水肥运筹对小麦产量和效益的影响

水分和氮素是调控小麦籽粒产量的重要因素，二者之间存在明显的交互作用。一方面土壤水分状况影响小麦的氮素吸收、转运和利用；另一方面适当增施氮肥可以在一定程度上减少土壤水分不足对产量的负效应。但目前小麦生产中，为了追求高产，存在水肥投入量过大，小麦产量、水分和氮肥利用率低的问题。已有试验表明在一定灌溉条件下，每公顷施氮量由0kg增至240kg，随施氮量增加，小麦植株总吸氮量、氮肥吸收量、氮肥耕层残留量、氮肥损失量以及损失率均升高，而氮肥利用率和耕层残留率下降。同时，灌水促进施氮处理土壤硝态氮向下迁移。在378～504mm灌溉水平下，当施氮量大于221kg/hm²时会导致收获期硝态氮在根层土壤剖面的显著积累；在灌溉量为630mm时，收获期各处理根层土壤硝态氮的积累量均低于播种前。赵炳梓等的研究表明，小麦的水分利用率随灌溉水量的增加而降低。但当灌溉水平较低时，水分利用率随着施氮量增加呈上升趋势。

2016—2018年小麦生长季，在前人研究的基础上，在淄博市农业科学研究院以济麦22为试验材料，设5个施氮水平，0kg/亩（N0），8kg/亩（N8），12kg/亩（N12），16kg/亩（N16），20kg/亩（N20）；在每个施氮水平下设1个灌溉处理：底墒水+拔节水（WS1）；在N12和N16处理下另设3个灌溉处理：只浇灌底墒水（W0），底墒水+拔节水+开花水（WS2），底墒水+拔节水+开花水+灌浆水（WS3）。探讨不同水氮处理条件下小麦产量、水氮利用效率以及土壤N积累的变化规律，以期确定小麦高产高效的水、氮适宜用量。氮肥按照5∶5基追肥使用，大区设计，每小区大约300m²，结果与讨论如下。

（一）水肥运筹对小麦产量及组成的影响

不同的水肥运筹条件下，小麦产量在W1N16处理下达到最大（表2-2）。相同水分处理下，小麦产量随着施氮量的增加呈先增加后降低的趋势，在W2灌水条件下，产量在W2N12和W2N16处理间无显著差异，在W2N20水平下有明显的降低；而在同一施氮水平下，随着灌溉量的增加，小麦产量也是呈先增长后降低的趋势，N12和N16条件下，小麦产量都在W1处理下达到最高，在W2处理下未有显著差异，但是W3处理后小麦产量有显著降低。同一施氮水平下，增加灌溉次数有利于公顷穗数和穗粒数的提高，W1和W2对千粒重无显著影响，W3显著降低了千粒重；同一灌溉水平下，随着施氮量的增加，公顷穗数和穗粒数增加，千粒重在N12最大，之后有所降低。

表2-2　水氮运筹对小麦产量构成的影响

处理	产量（kg/hm²）	公顷穗数（穗/hm²）	穗粒数（粒/穗）	千粒重（g/1 000粒）
W0N12	8 509 d	576.0 d	35.8 c	31.5 c
W1N12	9 317 b	697.5 b	41.2 a	33.0 bc
W2N12	9 124 bc	712.5 b	40.8 ab	32.1 c
W3N12	9 036 c	706.5 b	42.0 a	28.0 e
W0N16	9 048 c	624.0 c	36.6 c	32.2 c
W1N16	9 512 a	711.0 b	40.8 ab	34.5 b
W2N16	9 487 ab	723.0 a	39.9 b	33.0 bc
W3N16	9 274 b	724.5 a	39.6 b	31.1 d
W2N0	6 539.4 f	525.0 d	33.2 d	35.5 a
W2N8	8 069.76 e	552.0 d	34.5 bc	33.2 bc
W2N20	9 398.69 b	732.0 a	39.9 b	34.5 bc

注：同列数值后不同小写字母表示不同处理间差异显著（$P<0.05$），下同

（二）水肥运筹对小麦群体动态变化的影响

增加灌溉次数，有助于提高最大分蘖数和分蘖成穗数，而同一灌溉水平下，随着施氮量的增加，最大分蘖数和分蘖成穗数也呈增加趋势（表2-3）。

表2-3　水氮运筹对小麦群体分蘖动态的影响

处理	基本苗 （10^4/hm^2）	越冬期蘖数 （10^4/hm^2）	最大分蘖数 （10^4/hm^2）	成穗数 （10^4/hm^2）
W0N12	219	524	1 520	576.0
W1N12	219	524	1 590	697.5
W2N12	219	524	1 672	702.5
W3N12	219	524	1 677	689.5
W0N16	225	536	1 577	624.0
W1N16	225	536	1 655	711.0
W2N16	225	536	1 785	723.0
W3N16	225	536	1 781	724.5
W2N0	230	448	1 337	525.0
W2N8	219	499	1 402	572.0
W2N20	243	561	1 920	732.0

（三）水肥运筹对氮素吸收和分配的影响

由表2-4可以看出，同一施氮水平下，氮素在叶片、茎秆+叶鞘和穗轴+颖壳中的分配量和分配比例随灌水量的增加而增加。氮素在籽粒中的分配量随灌水量的增加先升高后降低，分配比例随灌水量的增加而降低，W1处理籽粒中分配的氮素量最高，说明适量灌溉底墒水和拔节水促进了氮素向籽粒的分配，W0、W2和W3处理对氮素向籽粒的转运分配不利。

随施氮水平的提高，W2处理叶片、茎秆+叶鞘、穗轴+颖壳的氮素分配量增加，籽粒中的氮素分配量先增高后降低，籽粒中的氮素分配比例降低。W1N12水平下籽粒中的氮素分配量最高。说明适量施氮提高了籽粒中的氮素分配量，施氮量过多，导致小麦成熟期营养器官中的氮素残留量增加，氮素向籽粒中的分配量减少。

表2-4　水氮运筹对小麦成熟期氮素分配的影响

处理	营养器官含氮量（mg/株）				营养器官含氮比率（%）			
	叶	茎鞘	穗轴+颖壳	籽粒	叶	茎鞘	穗轴+颖壳	籽粒
W0N12	1.26	2.11	1.21	34.5	3.22	5.14	2.75	75.64
W1N12	1.6	2.57	1.55	40.67	3.45	5.33	3.04	77.49
W2N12	1.67	2.89	1.66	41.64	3.49	5.82	3.16	76.97
W3N12	1.77	3.45	1.73	35.51	4.17	7.69	3.52	69.77
W0N16	1.61	2.55	1.41	36.87	3.79	5.71	2.95	74.74
W1N16	1.87	3.29	1.87	43.69	3.69	6.26	3.37	76.64
W2N16	1.93	3.42	1.85	41.55	3.96	6.74	3.42	74.64
W3N16	2.01	3.83	1.92	36.89	4.50	8.12	3.73	69.28
W2N0	1.02	1.79	1.09	34.50	2.66	4.47	2.55	78.09
W2N8	1.18	1.88	1.10	35.10	3.01	4.58	2.51	77.67

同一施氮水平下，W1、W2和W3处理与W0处理相比，营养器官的氮素转运量及其对籽粒的贡献率均显著升高，但转运率显著降低；W1、W2和W3处理间营养器官氮素向籽粒的转运量和转运率无明显差异。W2灌溉水平下，随施氮水平的提高，营养器官的氮素转运量及其对籽粒的贡献率先增加后降低，说明适量施氮或在施氮的条件下适量灌水均有利于提高营养器官氮素转运量对籽粒的贡献率（表2-5）。

表2-5　水氮运筹对小麦开花后营养器官氮素向籽粒中转运影响

处理	氮积累量（kg/hm²）			营养器官氮转运量（kg/hm²）	营养器官氮转运率（％）	营养器官氮转运对籽粒的贡献率（％）
	成熟期营养器官	成熟期籽粒	开花期植株			
W0N12	21.9	161.1	130.6	108.8	83.3	67.5
W1N12	32.0	181.3	167.6	135.6	80.9	74.8
W2N12	32.4	181.9	170.0	137.6	81.0	75.7
W3N12	33.3	176.0	170.9	137.6	80.5	78.2
W0N16	29.0	178.3	160.7	131.7	81.9	73.9
W1N16	39.9	202.3	191.7	151.8	79.2	75.1
W2N16	39.8	191.0	189.7	149.9	79.0	78.5
W3N16	38.1	180.9	188.6	150.5	79.8	83.2
W2N0	20.8	156.0	135.2	114.4	84.6	73.3
W2N8	44.3	187.0	196.8	152.6	77.5	81.6

由表2-6可以看出，在N12和N16水平下，氮素积累量和籽粒产量均随灌水量的增加先升高后降低，W1处理最高，氮素收获指数随灌水量的增加而降低。同一施氮水平下，W1、W2和W3处理的籽粒蛋白质含量均显著高于W0处理，W1、W2与W3处理之间无显著差异；随灌水量增加，灌水效率和水分利用效率降低，氮素吸收效率先升高后降低。在N12和N16水平下氮素利用效率随灌水量的增加而降低，W1与W2处理之间无显著差异；在同一灌溉水平下，随着施氮量的增加，植株氮素积累量和籽粒蛋白质增加，籽粒产量先增加后降低，氮素收获指数和籽粒吸收效率都随施氮增加而降低。

表2-6　水氮运筹对小麦开籽粒产量、蛋白质含量、氮肥利用效率影响

处理	氮积累量 （kg/hm²）	籽粒产量 （kg/hm²）	籽粒蛋白质含 量（%）	氮素收 获指数	籽粒吸收效率 （%）	氮素利用效率 （%）
W0N12	219.2	8 509.4	12.75	0.880	1.22	38.82
W1N12	263.3	9 316.8	13.99	0.871	1.46	35.38
W2N12	250.3	9 123.8	13.58	0.850	1.39	36.45
W3N12	249.9	9 436.0	13.11	0.821	1.39	37.76
W0N16	237.8	9 048.0	13.01	0.860	0.99	38.05
W1N16	273.3	9 512.3	14.22	0.852	1.14	34.81
W2N16	270.2	9 487.1	14.10	0.840	1.13	35.11
W3N16	258.0	9 274.1	13.77	0.809	1.07	35.95
W2N0	190.9	6 539.4	14.45	0.892		34.26
W2N8	214.7	8 069.8	13.17	0.887	1.79	37.59
W2N20	277.5	9 498.7	14.46	0.798	0.89	34.23

（四）水肥运筹对土壤水分和氮素含量的影响

成熟期，同一施氮水平下，W1、W2和W3处理60～100cm土层土壤含水量低于开花期，W3处理0～20cm、20～60cm、60～100cm土层土壤含水量均显著高于W0、W1、W2处理，W2处理20～60cm、60～100cm的土壤含水量均高于W1处理，说明灌溉底墒水和拔节水，开花后不再灌溉，促进了小麦对20～100cm土层土壤水的吸收利用。W2灌溉条件下，在N12和N16水平下W1处理60～100cm土层土壤含水量显著低于在N0和N8水平下的含水量，说明在定额灌溉条件下适量增施氮肥有利于植株吸收利用深层土壤水分（表2-7）。

表2-7　水氮运筹对土壤含水量影响（%）

处理	土层深度（cm）			
	0~20	20~40	60~80	80~100
W0N12	14.40	13.60	18.21	19.77
W1N12	14.55	14.73	17.99	19.19
W2N12	16.66	15.99	20.87	21.99
W3N12	19.88	20.77	23.45	21.44
W0N16	14.14	13.55	18.89	18.99
W1N16	14.77	14.59	18.83	18.30
W2N16	16.44	15.81	19.25	21.76
W3N16	18.99	18.67	20.52	21.97
W2N0	16.58	16.01	21.22	22.44
W2N8	16.49	15.89	21.00	22.35

在N12和N16水平下，0~40cm各土层土壤硝态氮含量随灌水量的增加而降低，80~100cm各土层土壤硝态氮含量随灌水量的增加而升高，W0处理0~40cm各土层土壤硝态氮含量明显高于其他处理（表2-8）。

表2-8　不同水氮运筹对土壤硝态氮含量的影响（mg/kg干土）

处理	土层深度（cm）				
	0~20	20~40	40~60	60~80	80~100
N12W0	8.12	5.77	5.86	4.81	4.51
N12W1	6.65	4.92	4.54	4.32	4.55
N12W2	5.20	4.35	4.63	4.12	4.46
N12W3	4.97	3.86	4.22	4.89	6.92
N16W0	12.36	8.25	6.47	5.22	5.10
N16W1	8.25	6.13	4.87	4.55	4.76

（续表）

处理	土层深度（cm）				
	0～20	20～40	40～60	60～80	80～100
N16W2	7.16	4.96	5.15	5.87	6.22
N16W3	6.21	3.95	5.12	5.69	7.84

　　随灌水量增加，灌水效率和水分利用效率降低。而在同一灌溉水平下，随着施氮量的增加灌水效率和水分利用效率增加（表2-9）。

表2-9　不同水氮运筹对水分利用效率的影响

处理	灌溉水（mm）	生育期降水（mm）	土壤含水量（mm）	总耗水（mm）	灌溉水偏生产率（kg/kg）	水分利用效率（kg/hm²·mm）
W0N12	75	215	−50.2	340	11.3	25.0
W1N12	150	215	−32.1	397	6.2	23.5
W2N12	225	215	20.1	420	4.1	21.7
W3N12	300	215	45.5	469	0.1	20.1
W0N16	75	215	−63.3	353	12.1	25.6
W1N16	150	215	−42.1	407	6.3	23.4
W2N16	225	215	11.5	428	4.2	22.1
W3N16	300	215	33.6	481	0.1	19.3
W2N0	225	215	29.4	411	2.9	15.9
W2N8	225	215	22.8	417	3.6	19.3
W2N20	225	215	15.5	424	4.2	22.4

　　以上结果说明在N12和N16水平下，适当增加灌水量（W1和W2）有利于促进氮素吸收，提高氮素吸收效率、籽粒产量和蛋白质含量；在同一灌溉

水平下，增施氮肥有助于植株对土壤深层水的利用。N12和N16下，灌水量过多（W3）对籽粒蛋白质含量无显著影响，但籽粒产量、植株氮素积累量、水分和氮素利用效率均显著降低。在本试验条件下，每公顷施纯氮180kg、灌溉底墒水和拔节水的N12W1处理籽粒产量最高，水分和氮素利用效率较高。

第二节　栽培模式对产量和效益差形成的影响

近年来，山东省实施了小麦玉米高产创建项目，多次刷新小麦高产纪录。然而，大多数高产纪录的取得是以大水、大肥，在增加投入强度的前提下实现的。高产纪录重演性差，在不同生态类型区或年际间产量波动较大。这说明我们对超高产小麦的生长发育规律还不清楚、关键生育时期诊断指标尚不明确，对小麦超高产栽培技术尚未完全掌握。通过调研发现，山东省高产创建田块在减少水肥投入，增加科技投入的前提下，产量和水肥利用都处于较高水平。山东省农户平均生产水平只有高产纪录的50%左右，氮肥偏生产效率只有高产创建和高产示范田块的80%左右；灌溉水偏生产效率只有高产创建和高产示范田块50%～60%，这表明农户产量水平提升潜力巨大。

2016—2018年间，基于前期调研结果，在不同生态区设置高产纪录（T1，参照当地高产纪录田块技术设计。在较好的地块上，不计水肥投入所能实现的最大产量，代表本地区目前的最高现实产量水平）、高产示范（参照高产示范设计）和农户种植模式（按当地平均农户产量水平设计），以不施氮肥和不施肥（T4和T5）作为对照（具体试验设计见表2-10），考察不同种植模式下小麦群体生理和形态建成、物质分配及产量形成机理，揭示其不同产量差形成机制，构建作物产量和效率协同提升的理论体系，为探寻提出消减产量和效率层次差异的调控途径提供理论依据，结果与讨论如下。

表2-10　试验方案

处理	T1（高产纪录）	T2（高产高效）	T3（农户）	T4（基础地力）	T5
产量目标（kg/亩）	800kg	650kg	550kg	—	—
品种	济麦22	济麦22	济麦22	济麦22	济麦22
播期（日/月）	适期	适期	适期	适期	适期
基本苗（万/亩）	15	15	20	20	20
施肥量（kg/亩）					
N	20	14	18	—	—
P_2O_5	10	8	8	—	8
K_2O	10	8	5	—	5
硫酸锌	2	2	0		0
有机肥	1 000	500	0		0
N肥施用技术（底追比）	5：5	6：4	6：4	—	6：4
灌水时期					
底墒水	√	√	√	√	√
越冬水	√	√			
起身水	—	—			
拔节水	√	√	√	√	√
开花水	√	√	√	√	√
灌浆水	—	—	√	√	√
灌水量（m³/亩·次）	50	50	50	50	50

　　注：肥料形式：尿素、磷酸钙和氯化钾；灌溉方式：畦灌；尿素按比例基施和追施，磷肥和钾肥全部基施

一、不同栽培模式对产量、水肥利用效率的影响

产量都如试验设计预期，在T1达到最高值，其次是T2、T3，对照组，T5产量较T4高。氮肥偏生产力都在T2达到最大，其次是T1处理，而T3模式氮肥偏生产力最低。在灌溉量相同的条件下，T1和T2小麦水分利用效率最高，其次是T3处理（表2-11）。

表2-11　不同栽培模式下4个生态点小麦产量及其构成

处理	实测亩产（kg）	氮肥偏生产力（kg/kg）	水分利用效率（%）
T1	672.4 a	33.61 b	18.38 a
T2	642.2 b	45.85 a	18.47 a
T3	544.2 c	30.23 c	17.69 b
T4	465.5 e	—	16.22 c
T5	482.2 d	—	16.69 c
F-value	24.14**		8.45*

注：*和**分别代表在$P<0.05$和$P<0.01$水平显著

由图2-2可以看出，产量在680kg以下，小麦氮肥利用高效率和产量可协同提高，但随着产量的提高氮肥利用效率开始下降，而在灌溉量相同的情况下，水分利用效率随产量的增加而升高。

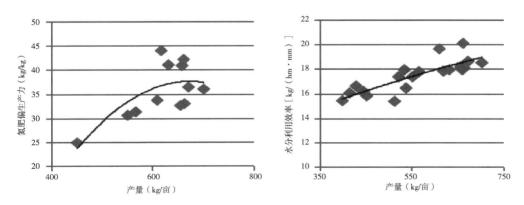

图2-2　产量与水肥利用效率的关系

二、不同栽培模式小麦群体质量及其与产量和肥水效率的关系

播种量的增加，使得T3处理单位面积分蘖数在越冬期和拔节期快速增加，但最终成熟期穗数却并不高，表明播种量的增加造成无效分蘖的增加，能量大量浪费（图2-3）；而T1和T2处理单株分蘖力强，最终成穗率高。4个生态点表现为一致的趋势。和T1和T2相比，农户种植模式下，小麦籽粒灌浆速率和灌浆时长降低，其中快速增长期灌浆时长和灌浆速度降低，限制了其籽粒产量的提高。

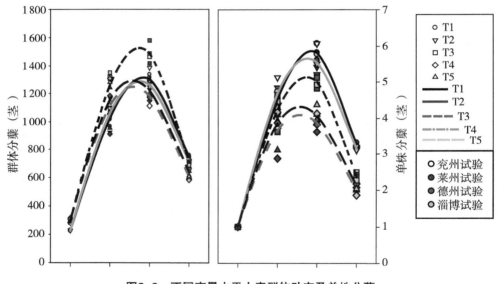

图2-3 不同产量水平小麦群体动态及单株分蘖

成熟期小麦植株生物量在T1处理下最大，T2和T3处理间无差异，T4处理下最小（图2-4）。但收获指数在T4处理下最大，其次是T5处理，T2和T1处理次之，T3处理最小。相比T3，T1和T2处理对花后干物质生产量和对籽粒的贡献率都增加，同时收获指数也增加；而T4和T5处理较其他处理收获指数增加，但花后物质积累量以及对籽粒的贡献率都是降低的，但花前干物质的转运量和对籽粒贡献率增加。

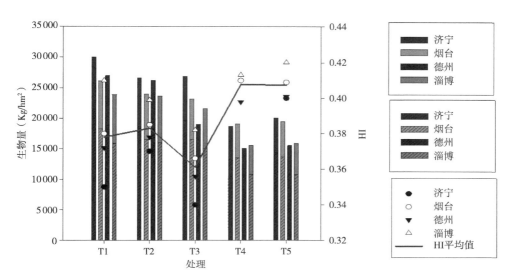

图2-4　不同产量水平小麦群体物质积累及收获指数（HI）变化

通过对产量构成与产量以及氮肥偏生产力相关性分析，在现有产量范围内，亩穗数、穗粒数与产量之间有非常显著的线性关系，但亩穗数、穗粒数与氮肥偏生产力间呈二次抛物线关系，达到一高值后开始下降（图2-5）。但千粒重保持较稳定状态，对产量和氮肥利用效率影响较小。所以在一定范围内提高亩穗数和穗粒数可以协同提高产量和氮肥利用效率。

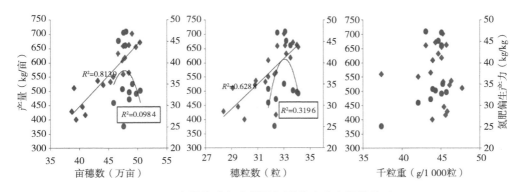

图2-5　产量构成与产量及氮肥偏生产力间的关系

注：方块为产量，圈为氮肥偏生产力；R为产量与产量构成曲线拟合优度，
方框内R为氮肥偏生产力与产量构成曲线拟合优度

在本试验产量范围内，产量随着群体分蘖成穗率的升高呈先升高后降低趋势，但氮素偏生产力却随群体分蘖成穗率的提高而提高；产量和氮素偏生产力与单株分蘖数都成二次抛物线趋势，呈现随单株分蘖数的增高先增高后降低（图2-6）。

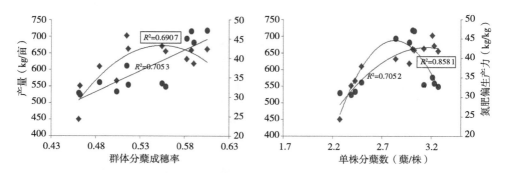

图2-6　产量及氮肥偏生产力与群体分蘖成穗率以及单株分蘖数的关系

注：方块为产量，圈为氮肥偏生产力；R为群体分蘖或者单株分蘖数与产量曲线拟合优度，
　　方框内R为氮肥偏生产力与群体分蘖或者单株分蘖数曲线拟合优度

小麦产量与开花期叶面积指数（LAI）呈显著线性关系，而与HI呈二次抛物线关系；氮肥利用效率与收获指数（HI）呈显著线性关系，与开花期叶面积指数呈二次抛物线关系。所以适宜的提高开花期收获指数和开花期叶面积指数可以协同提高产量和氮肥利用效率（图2-7）。

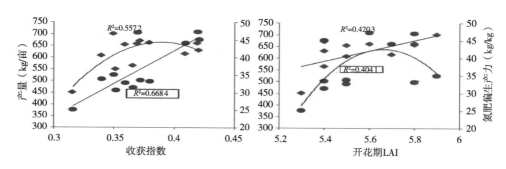

图2-7　产量及氮肥偏生产力与HI和开花期LAI的关系

注：方块为产量，圈为氮肥偏生产力；R为收获指数或开花期LAI与产量曲线拟合优度，
　　方框内R为氮肥偏生产力与收获指数或开花期LAI曲线肥偏生产力

三、不同栽培模式物质生产及转运及其与产量和肥水效率的关系

（一）碳生产及转运

成熟期小麦植株生物量在T1处理下最大，T2和T3处理间无差异，T4处理下最小（表2-12）。但收获指数在T4处理下最大，其次是T5处理，T2和T1处理次之，T3处理最小。相比T3，T1和T2处理对花后干物质生产量和籽粒的贡献率都增加，同时收获指数也增加；而T4和T5处理较其他处理收获指数增加，但花后物质积累量以及对籽粒的贡献率都是降低的，但花前干物质的转运量和对籽粒贡献率增加。

表2-12　不同种植模式对小麦植株干物质生产及转运的影响

种植模式	RAP（kg·hm²）	PAA（kg·hm²）	REP（%）	CPA（%）
T1	2 704 a	7 817 a	25.7 d	74.3 a
T2	2 628 b	7 251 b	26.6 cd	73.4 a
T3	2 512 c	6 825 c	27.5 c	72.5 b
T4	2 695 b	4 983 e	35.1 a	64.9 d
T5	2 677 b	5 363 d	33.3 b	66.7 c

注：RAP花前干物质转运量，PAA花后干物质转运量，REP花前干物质对籽粒的共性，CPA花后物质对籽粒的贡献

不同种植模式下，小麦籽粒灌浆速率发生改变，T3种植模式下籽粒灌浆速率以及灌浆时长都显著低于T1和T2模式，其中T3渐增期灌浆速率、快增期灌浆速率和缓增期灌浆速率都显著低于T2和T1；T3快速增长时期显著低于T1和T2模式（表2-13和图2-8）。

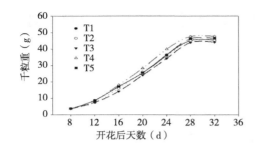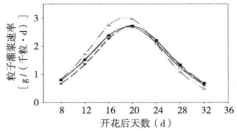

图2-8   不同种植模式下小麦籽粒的灌浆特性

表2-13   不同种植模式下小麦籽粒灌浆速率参数

| 处理 | T_{max} (d) | R_{max} [g/(千粒·d)] | T (d) | 渐增期 | | | | 快增期 | | | 缓增期 | |
				R [g/(千粒·d)]	$T1$ (d)	$R1$ [g/(千粒·d)]		$T2$ (d)	$R2$ [g/(千粒·d)]		$T3$ (d)	$R3$ [g/(千粒·d)]
T1	19.302 a	2.705 a	32.86 a	1.501 a	13.237 a	0.795 a		12.130 a	2.371 a		7.494 a	1.07 a
T2	19.298 a	2.702 a	32.85 a	1.499 a	13.237 a	0.794 a		12.122 a	2.369 a		7.489 a	1.071 a
T3	19.272 a	2.621 b	32.42 b	1.457 b	13.393 a	0.784 a		11.758 b	2.286 b		7.265 b	1.079 a

注：T_{max}为最大灌浆速率出现时间，R_{max}为最大灌浆速率出现时间

小麦产量和成熟期生物量呈线性正相关，而与氮肥偏生产力无明显趋势关系；而花前物质对籽粒的贡献率与籽粒产量和氮肥偏生产效率都呈线性负相关。表明提高成熟期生物量的前提下，提高花后物质对籽粒的贡献有助于产量及氮肥利用效率的协同提高（图2-9）。

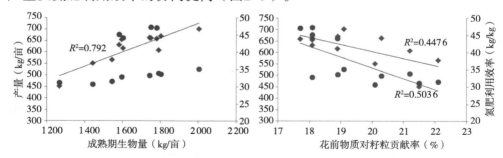

图2-9   产量及氮肥偏生产力与成熟期生物量、花前物质对籽粒贡献率的关系

注：方块为产量，圈为氮肥偏生产力。R为成熟期生物量或者花前储藏物质对籽粒贡献率与产量曲线拟合优度，方框内R为氮肥偏生产力与成熟期生物量或者花前储藏物质对籽粒贡献率曲线拟合优度

（二）氮吸收及利用

成熟期小麦植株总吸收氮量和籽粒吸收氮量表现趋势一致，总体表现为T1处理下最大，其次是T2处理和T3处理，而T4和T5处理下最小。氮肥的收获指数在T4和T5处理下最大，其次是T1、T2和T3处理（表2-14）。

表2-14　不同种植模式小麦氮肥利用效率的影响

处理	总吸收氮量（kg/hm²）	籽粒氮产量（kg/hm²）	氮素收获指数（%）
T1	304.5 a	239.0 a	78.5 bc
T2	271.4 b	215.0 b	79.2 b
T3	248.7 c	191.5 c	77.0 c
T4	205.6 d	164.9 d	80.2 ab
T5	204.1 d	165.9 d	81.3 a

成熟期氮素积累量与产量呈线性正相关，而与氮肥偏生产力与成熟期氮素积累量关系不明确，但产量和氮肥偏生产力与氮素收获指数都呈线性正相关（图2-10）。所以在提高成熟期氮素积累量的前提下，提高氮素收获指数可协同提高小麦产量及氮素利用效率。

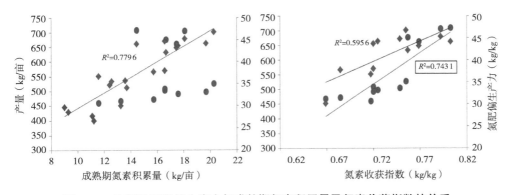

图2-10　产量及氮肥偏生产力与成熟期氮素积累量及氮素收获指数的关系

注：方块为产量，圈为氮肥偏生产力。R为成熟期氮积累量或者氮素收获指数与产量曲线拟合优度，方框内R为氮肥偏生产力与成熟期氮积累量或者氮素收获指数曲线拟合优度

（三）调控碳氮合成及利用的生理基础

1. 旗叶光合性能

小麦灌浆前期（0～10 DAA）旗叶的净光合速率在高产栽培模式下（T1）、高产高效模式（T2）和农户栽培模式（T3）之间没有较大差异；但都高于对照T4和T5处理（表2-15）。在灌浆后期（20～30 DAA），高产栽培模式下（T1）旗叶净光合速率表现最高，其次是高产高效模式（T2），和农户栽培模式（T3），表明在灌浆后期，T2和T3处理下小麦旗叶净光合速率下降速度要大于T1。

表2-15　不同种植模式对兖州小麦灌浆期旗叶净光合速率的影响

花后天数 （DAA）	不同种植模式				
	T1	T2	T3	T4	T5
0	22.30 a	22.92 a	21.89 ab	19.98 b	21.22 ab
10	22.80 a	21.90 a	21.80 a	16.23 c	18.00 b
20	18.60 a	17.30 b	16.40 bc	10.50 d	14.31 c
30	5.55 a	3.31 a	2.45 c	2.00 d	2.20 d

在花后10d（10 DAA）旗叶实际光化学效率（$\Phi Ps\,\mathrm{II}$）T1、T2、T3、T5、T4依次降低，而最大光化学效率（Fv/Fm）T1和T2之间差异不大，依次大于T3、T5和T4处理（表2-16）；光化学淬灭系数趋势在不同种植模式下表现与$\Phi PsII$一致，而非光学淬灭系数NPQ在T1、T2和T3之间差异较小，都小于T5，在T4处理下达到最大。

表2-16　不同种植模式对兖州试验点花后10d小麦旗叶荧光参数的影响

处理	$\Phi Ps\,\mathrm{II}$	Fv/Fm	qP	NPQ
T1	0.611 a	0.825 a	0.773 a	0.226 b
T2	0.609 a	0.821 a	0.766 ab	0.221 b
T3	0.569 b	0.811 b	0.714 b	0.220 b

（续表）

处理	ΦPsⅡ	Fv/Fm	qP	NPQ
T4	0.548 c	0.718 d	0.603 c	0.260 a
T5	0.558 bc	0.809 c	0.709 b	0.230 b

2. 植株衰老特性

随着灌浆进程，小麦旗叶内丙二醛（MDA）含量呈增加趋势。在灌浆前期（0~10 DAA），旗叶内MDA含量表现为T4大于T5，大于T3，而T1和T2处理间无明显差异。随着灌浆进行，各处理旗叶内MDA含量迅速增加，但T1增长速度小于T2处理，其次是T3处理，T4和T5处理增长最快，最终在30 DAA，旗叶MDA含量T4大于T5，大于T3和T2，T1处理旗叶内MDA含量最少（表2-17）。

表2-17　不同种植模式对小麦旗叶MDA含量的影响［mmol/（g·FW）］

花后天数	不同种植方式				
（DAA）	T1	T2	T3	T4	T5
0	1.50 c	1.61 b	1.62 b	1.73 a	1.65 b
10	1.58 e	1.66 d	1.75 c	2.11 a	1.99 b
20	2.92 d	3.11 c	3.95 b	4.36 a	3.90 b
30	4.44 e	4.93 d	5.74 c	8.90 a	6.90 b

0~20 DAA小麦旗叶内超氧化物歧化酶（SOD）含量与MDA含量表现相似趋势，但在30 DAA略有下降，这可能与旗叶衰老有关系。在灌浆前期（0~10 DAA），旗叶内SOD含量表现为T4大于T5，大于T3，而T1和T2处理间无明显差异。随着灌浆进行，各处理旗叶内SOD含量迅速增加，但T1增长速度小于T2处理，其次是T3处理，T4和T5处理增长最快，在20 DAA，旗叶MDA含量T4大于T5，大于T3和T2，T1处理旗叶内MDA含量最少（表2-18）。之后随着植株的衰老，旗叶SOD活性降低，T4处理SOD活性下降最快，T5、T3、T2和T1依次降低。

表2-18　不同种植模式对小麦旗叶SOD含量的影响［U/（mg·FW）］

花后天数（DAA）	不同种植方式				
	T1	T2	T3	T4	T5
0	15.50 d	15.50 d	16.77 c	19.44 a	18.32 b
10	18.05 d	19.90 c	21.44 bc	28.77 a	22.40 b
20	28.63 d	29.60 c	30.05 bc	35.59 a	33.99 b
30	27.02 a	24.17 b	23.00 c	16.98 d	17.51 cd

0～10 DAA T1、T2和T3种植方式下小麦旗叶SPAD表现差异不明显，但都大于T4和T5处理下，20 DAA之后T3、T4和T5处理下SPAD值迅速下降，30DAA时，旗叶SPAD T1>T2>T3>T5>T4（表2-19）。

表2-19　不同种植模式对小麦旗叶SPAD含量的影响

花后天数（DAA）	不同种植方式				
	T1	T2	T3	T4	T5
0	59.83 a	55.03 a	57.10 a	55.97 a	55.89 a
10	59.37 a	56.47 ab	58.23 ab	50.60 b	52.22 b
20	58.70 a	55.23 ab	53.37 b	42.90 d	45.88 c
30	39.83 a	37.37 a	27.20 b	9.20 c	12.10 d

从阶段性氮素积累来看，起身至拔节期T3种植模式积累大量的氮，但后期积累量却下降，最终成熟期总氮积累量和籽粒氮素积累量都低于T1和T2处理，而T1和T2在不同生育阶段积累量都相对较高，最终T3氮素收获指数低于T1和T2。T1和T2种植模式下旗叶硝酸还原酶活性在0～28 DAA都显著高于T3模式（图2-11）。

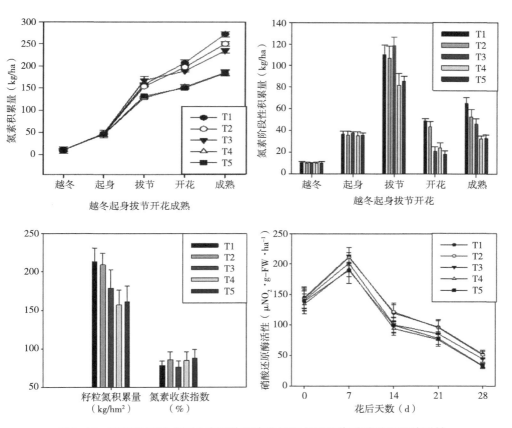

图2-11　不同种植模式下小麦群体氮素积累和分配及旗叶硝酸还原酶活性

四、结论和讨论

不同栽培模式对小麦产量以及资源利用效率影响不同。和农户栽培模式相比，高产模式和高产高效模式小麦产量显著提高，但氮肥利用效率在高产高效模式下最大。通过对产量及氮肥利用效率影响因子分析发现，群体大小是控制小麦产量的主要因子，其次是穗粒数。而群体的大小受群体分蘖动态和单株分蘖数的影响，分析发现提高群体分蘖成穗率，控制单株分蘖数在一定范围内，可以协同提高产量和氮肥利用效率。小麦产量和群体最终生物量呈线性正相关，收获指数和产量以及氮肥偏生产率呈线性正相关，所以提高最终生物量的同时，提高收获指数有助于产量和氮肥偏生产力的协同提高，但花前物质对籽粒的贡献率同产量和氮肥偏生产力呈线性负相关，所以提高花后物质对籽粒的贡献率，可以协同提高产量和氮肥偏生产力。而产量与成熟期氮素积累量呈线性正相关，产量和氮肥偏生产力与氮素收获指数呈线性正相关，所以在提高氮素积累总量的同时，提高氮素的收获指数，可协同提高产量和氮肥利用效率。农户种植模式下，群体分蘖成穗率不高，花后叶片光合生产力不足，提前衰老，籽粒灌浆速率低、时间短，叶片硝酸还原酶活性低，是造成产量低、氮肥利用率低的原因；而高产创建模式下，收获指数偏低和氮素收获指数偏低是氮肥利用率偏低的主要限制因素。

第三节　播后镇压对小麦生长发育的影响

黄淮海冬麦区冬季寒冷少雪，降水稀少，土壤水分不足。此时期的小麦植株幼嫩，含水量较高，对低温的抵抗能力较弱，易造成冻害。此外，玉米秸秆还田后，使根土缝隙加大，也不利于小麦安全越冬。因此，防冻保苗以提高小麦抗逆性，对于黄淮海冬小麦生产具有重要的意义。

冬前镇压和灌溉是小麦的重要栽培措施，不仅能抗冻保苗，同时对提高中后期植株抗性起到了重要的作用。研究认为，冬前灌溉能缩小地表土壤缝隙，土壤中的水分呈结晶水状态，减少因重力造成的淋失，起到蓄水保墒的作用，保持小麦越冬期及早春期间的土壤水分，为小麦返青期提供充足的水分。土壤水分直接影响着小麦旗叶功能，闫翠萍等研究表明，冬前灌溉提高了小麦旗叶叶绿素含量及光合速率，延长旗叶功能，有利于光合产物的转化。在土壤墒情合理的情况下，镇压保水提墒效果明显，有利于麦苗安全越冬，同时可降低植株高度，延迟生育期。可见镇压和灌溉有利于小麦安全生产。但近年来小麦冬前镇压和灌溉的现象普遍减少，导致小麦冻害频繁发生，后期生长以及最终产量都受到影响。关于冬前镇压和灌溉对小麦的影响已有一些研究，但是对于镇压、灌溉及其交互作用对土壤环境及植株生理生态的研究还不够系统。本节中系统研究了播后镇压和灌溉以及其交互措施对小麦产量构成、形态结构和生理特性的影响，并结合土壤特性，系统分析播后镇压和灌溉措施对小麦生产的影响。

试验设镇压+灌溉（CXI）、灌溉（I）、镇压（C）和对照（K）（不镇压不灌溉）4个处理，小区面积为18m²（12m×1.5m），每小区8行，行距20cm，随机区组设计，每处理重复3次。2015年10月7日播种，10月14日出苗；2016年10月9日播种，10月16日出苗。镇压处理：出苗后30d左右选择晴朗的上午用小型拖拉机牵引300kg石磙对需要镇压的小区碾压一次。灌溉处理：镇压过后第2d对需要灌溉的小区进行统一灌溉，采用小区漫灌的方式，灌溉量控制在800m³/hm²左右（水表读数）。整个生育期各处理统一进行病虫草害防治，拔节期统一浇拔节水675m³/hm²。结果与分析如下。

一、冬前镇压和灌溉对土壤特性的影响

（一）冬前镇压和灌溉对土壤紧实度的影响

从图2-12中可知，在越冬期，随着土壤深度的增加，各处理的土壤紧实度呈先增加后降低的趋势。0～10cm土层，冬前镇压+灌溉处理土壤紧实度最大，其次为单独镇压和单独灌溉处理，对照处理最小。这表明，冬前镇压和灌溉处理能显著减小0～10cm土层的土壤缝隙，有利于防止冷空气的侵袭和土壤温度的散失。10～25cm土层，各处理土壤紧实度快速增加，至25cm土层均达到最大值。冬前对照和镇压处理的土壤紧实度在15～25cm土层均大于镇压+灌溉和灌溉处理，且差异逐渐增大。25～40cm土层，各处理土壤紧实度均下降，其中冬前对照和镇压处理显著大于灌溉处理，镇压+灌溉处理最小，表明冬前镇压+灌溉和灌溉处理能显著降低深层土壤的紧实度，有利于根系下扎。

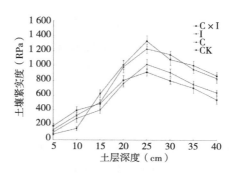

图2-12 不同处理对土壤紧实度的影响

（二）冬前镇压和灌溉对土壤含水量的影响

从表2-20中可知，越冬期到返青期，各处理0～20cm和20～40cm土层的土壤含水量呈逐渐减少的趋势。0～20cm和20～40cm土层，冬前镇压+灌溉处理0～20cm和20～40cm土层的土壤含水量在越冬期均最高，其次为单独灌溉、单独镇压和对照处理，与灌溉处理差异不显著，但显著高于镇压和对照处理，表明冬前灌溉对提高土壤含水量有着重要的作用，而冬前镇压对减少土壤水分散失，提高土壤墒情也起着重要作用。进入返青期，冬前镇压+灌溉、灌溉和镇压处理0～20cm土层的土壤含水量均大于对照，且差异显著。20～40cm土层，冬前镇压与对照处理在3月18日差异不显著，其余各处理土壤含水量差异性与0～20cm土层基本一致。这表明，冬前镇压和灌溉处理在提高冬季土壤水分的同时，还能保持春季土壤墒情，避免春旱对小麦的生长造成不利影响。

表2-20 不同处理对土壤含水量的影响（%）

土层（cm）	处理	日期（月/日）					
		12/20	1/3	1/10	2/17	3/3	3/18
0～20	C×I	21.96 a	20.21 a	20.60 a	16.18 a	14.04 a	12.27 a
	I	21.82 a	20.12 a	20.59 a	16.03 a	13.93 a	11.30 ab
	C	19.21 b	17.37 b	19.57 ab	14.25 b	12.02 b	9.84 b
	CK	18.26 c	16.53 c	18.61 b	12.48 c	10.94 c	8.51 c

（续表）

土层（cm）	处理	日期（月/日）					
		12/20	1/3	1/10	2/17	3/3	3/18
20~40	C×I	19.30 a	18.30 a	18.22 a	15.56 a	14.87 a	12.92 a
	I	18.96 a	18.13 a	18.21 a	14.99 a	14.02 a	12.73 a
	C	15.39 b	14.37 b	14.39 b	13.39 b	12.46 b	11.99 ab
	CK	14.37 c	13.01 c	13.20 c	12.08 c	11.07 c	9.93 b

（三）冬前镇压和灌溉对土壤温度的影响

由图2-13可以看出，土壤温度随气温的变化而变化，且同一天不同时段不同处理的土壤温度表现不同。在8：30，土层5cm处，冬前灌溉处理的土壤温度均高于其他3种处理，与镇压和对照处理差异显著，镇压处理高于对照处理。表明冬前镇压和灌溉处理都有稳定土壤温度的作用，其中镇压处理的作用不如灌溉处理明显。1月10日和1月14日，随着气温的降低，各处理的土壤温度也降低，此阶段土壤温度表现为镇压+灌溉>灌溉>镇压>对照处理，表明当气温较低时，镇压+灌溉稳定土壤温度的作用更明显，这可能更有利于增强小麦的抗寒性。进入返青期，随着气温的升高，各处理的土壤温度也随之升高。对照处理的土壤温度在2月28日之后均高于其他3种处理，且差异显著。这表明，可能由于对照处理的土壤空隙大，随着气温的升高，其土壤温度变化更加明显。在8：30，土层10cm处，各处理之间土壤温度的差异均小于土层5cm处。各处理的土壤温度在越冬期均高于土层5cm处，进入返青期，随着气温的升高，各处理的土壤温度均低于土层5cm处。说明可能由于土层10cm处的土壤缝隙较小，稳定土壤温度的作用更明显。在13：30，土层5cm和10cm处，随着气温的升高，各处理的土壤温度较8：30均升高，其中对照处理的土壤温度变化大于其他3种处理。这表明，可能由于对照处理的土壤空隙大，随着气温的变化，其土壤温度变化更加明显。在18：30，土层5cm和10cm处，各处理的土壤温度差异性趋势与8：30基本一致。

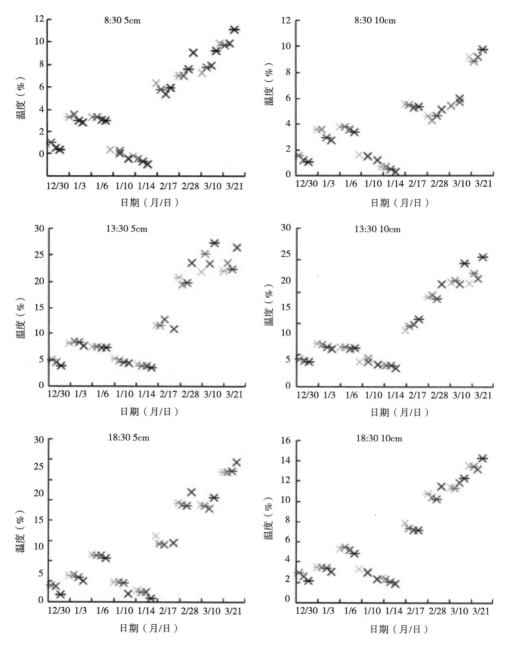

图2-13 不同处理对土壤温度的影响
（图标由浅至深分别代表播后灌溉、镇压、灌溉+镇压和对照）

二、冬前镇压和灌溉对冬小麦植株形态的影响

（一）冬前镇压和灌溉对冬小麦分蘖数的影响

图2-14中可见，各处理的小麦分蘖数呈先增加后降低的趋势。12月30日，冬前灌溉和对照处理的分蘖数大于镇压+灌溉和镇压处理。这表明，可能由于冬前镇压处理后土壤紧实度增强，抑制了冬前小麦的分蘖。各处理小麦分蘖数在进入返青期后快速增加。冬前镇压+灌溉处理小麦分蘖数2月17日最大，较12月30日增加了114.59%，其次为镇压、灌溉和对照处理，分别增加了85.84%、75.56%和25.19%。各处理的小麦分蘖数在3月10日均达到最大值，其中冬前镇压+灌溉>灌溉>镇压>对照处理。各处理的小麦分蘖数在起身拔节时期均下降。到5月1日，冬前镇压+灌溉处理的小麦分蘖数最大，其次为单独灌溉和单独镇压处理，且单独镇压与对照处理差异显著。表明冬前镇压和灌溉处理都有提高小麦分蘖数的作用，而镇压+灌溉处理的作用更显著。

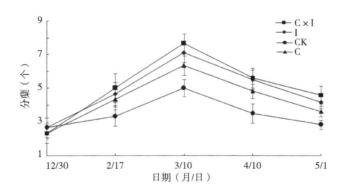

图2-14 不同处理对冬小麦分蘖数的影响

（二）冬前镇压和灌溉对冬小麦株高的影响

从图2-15中可以看出，冬前对照处理的株高在12月30日显著高于其他3种处理，且差异显著。表明冬前镇压和灌溉处理可抑制越冬期小麦株高，有利于小麦安全越冬。各处理的小麦株高进入返青期增加显著。3月10日，小

麦株高表现为冬前镇压+灌溉>灌溉>镇压>对照处理，较12月30日分别增加了114.33%、89.47%、73.27%和37.04%。说明可能由于冬前镇压+灌溉处理的土壤水分更充足，有利于返青期后小麦株高的增加。5月1日，冬前灌溉处理的小麦株高最高，但与冬前镇压+灌溉处理差异不显著，显著高于镇压和对照处理。在一定范围内，小麦的株高越高，越有利于产量的增加。表明冬前镇压后灌溉更能控制小麦的株高，在保证小麦产量的同时，提高了小麦的抗倒伏能力。

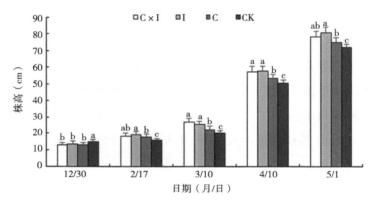

图2-15　不同处理对冬小麦株高的影响

（三）冬前镇压和灌溉对冬小麦植株基部第一二节间的影响

由表2-21可知，冬前对照处理小麦植株基部第一二节间长度在灌浆期（5月7日）显著大于其他3种处理，单独镇压和单独灌溉处理之间无显著差异，最小为镇压+灌溉处理。表明冬前镇压和灌溉处理可减小小麦植株基部第一二节间长度，其中镇压+灌溉处理的作用更显著。冬前灌溉处理的小麦植株基部第一二节间含水量均最大，其次为镇压+灌溉和镇压处理，对照处理最小。冬前镇压+灌溉处理小麦植株基部第一节间单位长度干重最大，分别较镇压、灌溉和对照处理高了7.68%、23.14%和146.97%，各处理之间差异显著。第二节间单位长度干重冬前镇压+灌溉>镇压>灌溉>对照处理，单独镇压与单独灌溉处理无显著性差异。各处理小麦植株基部第一二节间茎粗差异性基本一致，冬前镇压+灌溉处理最大，对照处理最小且与其他3种处理差异显著。这表明，冬前镇压和灌溉处理均可增加小麦植株基部第一二节间单位长度干重和茎粗，而镇压+灌溉处理的作用更显著，其在一定范围内降低了第一二节间的含水量，提高小麦的抗倒伏能力。

表2-21　不同处理对冬小麦植株基部第一二节间长度的影响

处理	第一节间				第二节间			
	长度（cm）	含水量（%）	单位长度干重（mg/cm）	茎粗（cm）	长度（cm）	含水量（%）	单位长度干重（mg/cm）	茎粗（cm）
C×I	6.70 c	79.33 b	171.67 a	0.42 a	8.97 c	84.90 a	160.62 a	0.42 a
I	8.03 b	83.43 a	139.41 c	0.39 b	10.23 b	86.67 a	129.29 b	0.38 b
C	7.40 bc	76.30 b	159.43 b	0.41 ab	9.80 b	78.93 b	133.34 b	0.39 b
CK	10.40 a	67.67 c	69.51 d	0.34 c	11.17 a	75.83 c	97.92 c	0.35 c

（四）冬前镇压和灌溉对冬小麦植株基部节间机械组织厚度的影响

从表2-22中可以看出，冬前镇压+灌溉和镇压处理小麦基部第一节间厚壁机械组织在灌浆期（5月7日）大于灌溉和对照处理。薄壁细胞组织冬前镇压+灌溉>镇压>灌溉>对照处理，镇压+灌溉处理与其他处理差异均显著。各处理的薄壁细胞组织层数无显著性差异，但冬前镇压+灌溉和镇压处理的单个薄壁细胞组织直径显著大于灌溉和对照处理（图2-16）。壁厚冬前镇压+灌溉处理最大，分别比镇压、灌溉和对照处理大33.77%、51.47%和74.58%。小麦基部第二节间厚壁机械组织在冬前镇压+灌溉、灌溉、镇压以及对照处理间无显著差异，但薄壁细胞组织冬前镇压+灌溉>镇压>灌溉>对照处理，且处理间差异均显著。冬前镇压+灌溉和镇压处理的薄壁细胞组织层数略大于灌溉和对照处理。壁厚的差异显著性与薄壁细胞组织基本一致。表明冬前镇压和灌溉处理均能增加小麦基部第一二节间壁厚，其中对薄壁细胞组织细胞壁厚的影响最大。

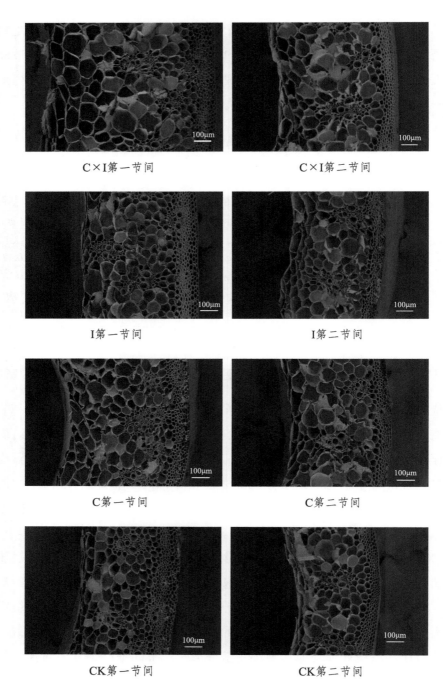

C×I第一节间　　　　　　　　　　C×I第二节间

I第一节间　　　　　　　　　　　I第二节间

C第一节间　　　　　　　　　　　C第二节间

CK第一节间　　　　　　　　　　CK第二节间

图2-16　冬小麦基部节间横截面的SEM形貌

表2-22 不同处理对冬小麦植株基部节间机械组织厚度的影响（mm）

处理	第一节间			第二节间		
	壁厚	厚壁机械组织	薄壁细胞组织	壁厚	厚壁机械组织	薄壁细胞组织
C×I	1.03 a	0.14 a	0.89 a	0.74 a	0.11 a	0.63 a
I	0.68 bc	0.12 ab	0.56 b	0.58 c	0.09 a	0.49 c
C	0.77 b	0.14 a	0.63 b	0.65 b	0.10 a	0.55 b
CK	0.59 c	0.11 b	0.48 c	0.48 d	0.08 a	0.40 d

（五）冬前镇压和灌溉对冬小麦植被指数的影响

由表2-23可见，冬前镇压+灌溉处理小麦植被指数在开花期显著大于镇压和对照处理，其中镇压与对照处理间差异不显著。0~7 DAA，除对照处理外，其他3种处理小麦植被指数均呈上升趋势，冬前镇压、灌溉和镇压+灌溉处理分别增加了4.41%、1.37%和1.35%。各处理小麦植被指数7~28 DAA差异显著性一致，均呈下降趋势，其中冬前对照处理均小于镇压+灌溉、灌溉以及镇压处理，且差异显著。至28 DAA，小麦植被指数冬前灌溉>镇压+灌溉>镇压>对照处理，较21 DAA分别降低了37.50%、43.55%、54.55%和68.29%。这表明，冬前镇压和灌溉处理均可提高小麦灌浆期植被指数，在灌溉的中后期，可减小植被指数的下降速率，有利于延缓小麦衰老的程度。

表2-23 不同处理对冬小麦植被指数的影响

处理	开花后天数（d）				
	0	7	14	21	28
C×I	0.74 a	0.75 a	0.72 a	0.62 a	0.35 a
I	0.73 a	0.74 a	0.71 a	0.64 a	0.40 a

（续表）

处理	开花后天数（d）				
	0	7	14	21	28
C	0.68 b	0.71 b	0.67 b	0.55 b	0.25 b
CK	0.66 b	0.66 c	0.64 c	0.41 c	0.13 c

（六）冬前镇压和灌溉对冬小麦根系特性的影响

从图2-17中可见，各处理小麦根系的总长度、总表面积以及总体积在越冬期增长缓慢。1月1日，冬前镇压+灌溉处理的根系各指标显著大于其他3种处理，其中对照处理最小，与单独灌溉和单独镇压处理差异显著。进入返青期，各处理小麦根系指标增长加快。3月11日，冬前镇压处理小麦根系总长度大于其他处理，分别较镇压+灌溉、灌溉和对照处理增加了0.25%、31.90%和60.18%，镇压与镇压+灌溉处理无显著性差异。冬前镇压处理小麦根系总表面积最大，对照处理最小，且各处理间差异均显著。各处理间小麦根系总体积差异显著性与总表面积基本一致。这表明，冬前镇压处理更有利于返青期到起身期小麦根系总长度、总表面积和总体积的生长。4月11日，冬前镇压+灌溉处理的小麦根系总长度最大，其次为单独镇压和单独灌溉处理，对照处理最小且与其他处理差异显著，其中较3月11日分别增加25.73%、52.78%、24.57%和30.56%。表明冬前灌溉处理的小麦根系总长度在此阶段的生长速率大于其他3种处理。小麦根系总表面积冬前镇压+灌溉>镇压>灌溉>对照处理，各处理之间差异均显著，较3月11日分别增加56.52%、51.43%、26.92%和11.11%。冬前镇压+灌溉处理的小麦根系总体积最大，处理间差异显著性与总表面积基本一致。这表明，冬前镇压+灌溉和镇压处理的小麦根系总长度在此阶段的增长速率基本一致，但镇压+灌溉处理小麦根系总表面积和总体积的增长速率显著大于镇压处理，同时也表明冬前镇压+灌溉处理更有利于根系的生长，有助于水分、营养的吸收，对小麦地上部的生长以及产量的增加有重要作用。

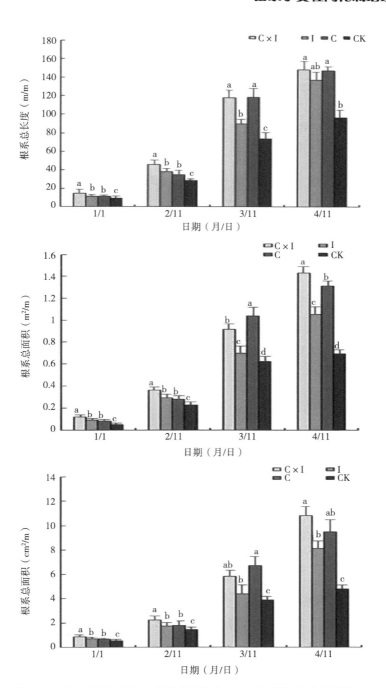

图2-17　不同处理对冬小麦根系总长度、总表面积和总体积的影响

三、冬前镇压和灌溉对冬小麦生理特性的影响

（一）冬前镇压和灌溉对冬小麦抗寒性的影响

1. 冬前镇压和灌溉对冬小麦叶片SOD活性的影响

图2-18中可知，12月20日，冬前镇压+灌溉处理小麦叶片SOD活性最大，其次为单独灌溉处理，与镇压和对照处理差异显著。至12月30日，除对照处理，其他3种处理小麦叶片SOD活性均显著增加，其中冬前镇压+灌溉处理显著大于其他3种处理。表明随着气温的降低，冬前镇压+灌溉、灌溉及镇压处理能显著增加小麦叶片SOD活性，提高抗寒性。12月30日到1月10日，各处理小麦叶片SOD活性均增加。这表明，可能由于持续的低温胁迫，对照处理小麦自身产生一定的抗性，导致叶片SOD活性增大。进入返青期，随着温度的升高，冬前各处理小麦叶片SOD活性差异不大。3月17日，冬前对照处理小麦叶片SOD活性最大，与其他3种处理差异显著。

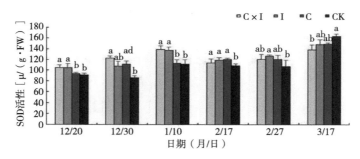

图2-18　不同处理对冬小麦叶片SOD活性的影响

2. 冬前镇压和灌溉对冬小麦叶片CAT活性的影响

从图2-19中可知，各处理小麦叶片CAT活性在12月20日无显著性差异。12月30日和1月10日，随着气温的降低，各处理小麦叶片CAT活性均有略微下降。其中冬前镇压+灌溉处理小麦叶片CAT活性最高，对照处理最小，镇压和灌溉处理之间无显著差异。这表明，气温较低时，冬前镇压+灌溉、灌溉和镇压处理的小麦叶片可保持较高的CAT活性，有利于增强小麦的抗寒性。返青期后，随着气温的升高冬前各处理小麦叶片CAT活性均升高。2月

27日和3月17日，冬前镇压和对照处理大于镇压+灌溉和灌溉处理，且在3月17日差异显著。

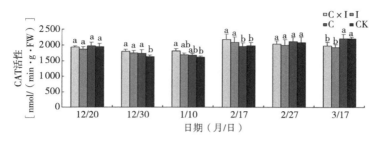

图2-19　不同处理对冬小麦叶片CAT活性的影响

3.冬前镇压和灌溉对冬小麦叶片POD活性的影响

图2-20中可知，越冬期到返青期，冬前各处理小麦叶片POD活性呈先降低后增加的趋势。12月30日和1月10日，冬前镇压+灌溉、灌溉及镇压处理间小麦叶片POD活性无显著差异，均显著大于对照处理。这表明，在气温较低时，冬前镇压+灌溉、灌溉和镇压处理有助于维持小麦叶片POD活性在一个较高水平，对于提高小麦抗寒性具有重要作用。2月17日和3月17日，随着气温的升高，冬前各处理小麦叶片POD活性快速增加，其中对照处理大于其他3种处理。

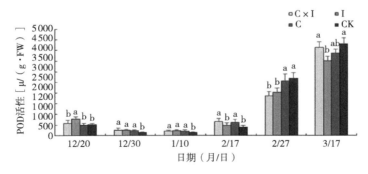

图2-20　不同处理对冬小麦叶片POD活性的影响

4.冬前镇压和灌溉对冬小麦叶片MDA含量的影响

从图2-21可见，越冬期到返青期，冬前各处理小麦叶片MDA含量呈降低趋势。12月20日，冬前镇压处理小麦叶片MDA含量最大，与对照处理差异不显著，均显著大于灌溉和镇压+灌溉处理。冬前镇压+灌溉、灌溉及镇压处理小麦叶片MDA含量在12月30日和1月10日均显著小于对照处理，其中镇压+灌溉和灌溉处理均小于镇压处理，差异不显著。这表明，气温较低时，冬前镇压+灌溉、灌溉及镇压处理均能降低小麦叶片MDA含量，而镇压+灌溉和灌溉处理的作用更显著，防止因MDA含量的增加对小麦自身的伤害，提高小麦的抗寒能力。返青期后，冬前各处理小麦叶片MDA含量快速下降。其中各处理之间在2月27日和3月17日无显著差异。表明气温较高时，冬前镇压+灌溉、灌溉及镇压处理对小麦叶片MDA含量的影响较小。

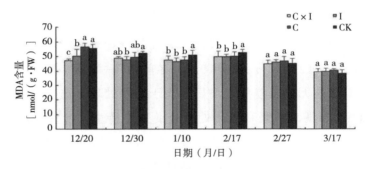

图2-21　不同处理对冬小麦叶片MDA含量的影响

5. 冬前镇压和灌溉对冬小麦叶片可溶性糖含量的影响

从图2-22中可以看出，各处理小麦叶片可溶性糖含量在越冬期呈增加趋势，其中冬前镇压+灌溉处理小麦叶片可溶性糖含量最大，其次为单独镇压和单独灌溉处理，均显著大于对照处理。表明冬前镇压和灌溉处理均可提高越冬期小麦叶片可溶性糖含量，其中镇压+灌溉处理的作用更显著，有利于提高小麦的抗寒性。进入返青期，由于气温的升高，冬前各处理小麦叶片可溶性糖含量均降低。到2月27日，冬前各处理小麦叶片可溶性糖含量均增加，镇压+灌溉、灌溉和镇压处理之间无显著差异，但均显著高于对照处理。这表明，可能由于倒春寒的影响，气温降低，导致小麦叶片可溶性糖含量升高。冬前各处理小麦叶片可溶性糖含量在3月17日均降低，较2月27日分别降低了0.72%、24.02%、34.76%和52.63%。其中冬前镇压+灌溉>灌溉>镇压>对照处理，处理之间差异均显著。这表明，在返青中后期，冬前镇压和灌溉处理的小麦叶片可溶性糖含量均保持较高水平，有利于小麦返青后的生长。

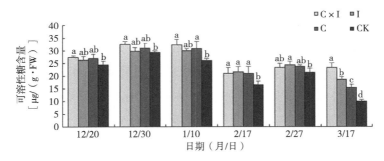

图2-22　不同处理对冬小麦叶片可溶性糖含量的影响量

（二）冬前镇压和灌溉对冬小麦旗叶叶绿素相对含量的影响

由表2-24可以看出，0~14 DAA各处理间小麦旗叶叶绿素相对含量差异不显著。各处理旗叶叶绿素相对含量都在7~14 DAA达到最大值，其中冬前镇压+灌溉处理大于其他3种处理。14~28 DAA，冬前对照处理下旗叶叶绿素相对含量下降了83.96%，其次是镇压处理下降了53.02%，镇压+灌溉处理下降了37.27%，灌溉处理下降最小为35.82%。旗叶SPAD值在28 DAA表现为冬前灌溉和镇压+灌溉处理大于镇压处理和对照处理，处理间差异显著。表明冬前镇压+灌溉处理和灌溉处理均能缓解灌浆中后期的小麦旗叶叶绿素相对含量的下降速度，其中镇压+灌溉处理的作用更加明显。

表2-24　不同处理对冬小麦旗叶叶绿素相对含量的影响

处理	开花后天数（d）				
	0	7	14	21	28
C×I	57.83 a	59.37 a	58.71 a	56.87 a	36.83 a
I	56.96 a	58.77 a	58.23 a	55.57 a	37.37 a
C	57.10 a	58.23 a	57.90 a	51.03 b	27.20 b
CK	58.07 a	58.70 a	57.37 a	39.40 c	9.20 c

（三）冬前镇压和灌溉对冬小麦旗叶光合特性的影响

1.冬前镇压和灌溉对冬小麦旗叶气孔导度（Gs）的影响

从图2-23中可知，在整个灌浆期，冬前镇压+灌溉、灌溉以及镇压处理的小麦旗叶气孔导度均大于对照处理。各处理小麦旗叶气孔导度0～7 DAA均有不同程度的升高，其中冬前镇压处理增加最大71.43%，镇压+灌溉处理增加了61.54%，灌溉处理增加了45.65%，对照处理增加最小26.67%。7 DAA，冬前灌溉处理小麦旗叶气孔导度在7 DAA最大，与镇压+灌溉处理无显著性差异，镇压处理大于对照处理且差异显著。自14 DAA，冬前各处理小麦旗叶气孔导度均呈下降趋势。冬前镇压+灌溉和灌溉处理小麦旗叶气孔导度21～28 DAA下降速率基本一致，均显著大于镇压和对照处理。至28 DAA，冬前各处理之间差异显著性减小。表明冬前镇压和灌溉处理可显著提高小麦旗叶灌浆前期和中期的气孔导度，对后期的影响不显著。

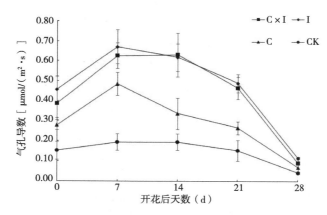

图2-23　不同处理对冬小麦旗叶气孔导度（Gs）的影响

2.冬前镇压和灌溉对冬小麦旗叶蒸腾速率（Tr）的影响

由图2-24可见，不同处理下小麦旗叶蒸腾速率均呈先增高后降低的趋势。各处理旗叶蒸腾速率0～7 DAA均呈上升趋势，其中冬前镇压+灌溉处理下增加最大25.70%，单独灌溉处理增加了19.06%，单独镇压处理增加了18.93%，对照处理增加最小4.62%。自7 DAA，冬前各处理小麦旗叶蒸腾速率开始迅速下降。7~21 DAA，各处理小麦旗叶蒸腾速率均表现为冬前镇压+灌溉>灌溉>镇压>对照处理，除镇压+灌溉与灌溉处理间无显著性差异外，其他处理间均表现为差异显著。至28 DAA，冬前灌溉+镇压以及灌溉处理小麦旗叶蒸腾速率均高于镇压和对照处理。表明冬前灌溉或镇压+灌溉处理后小麦旗叶蒸腾速率在灌浆后期下降速率小于镇压和对照处理。

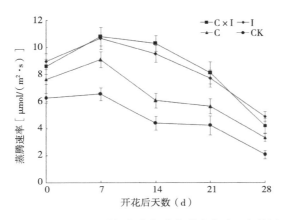

图2-24　不同处理对冬小麦旗叶蒸腾速率（Tr）的影响

3. 冬前镇压和灌溉对冬小麦旗叶胞间CO_2浓度（Ci）的影响

从图2-25中可以看出，0 DAA，冬前镇压+灌溉处理小麦旗叶胞间CO_2浓度最大，与灌溉处理差异不显著，镇压处理大于对照处理且差异显著。0~14 DAA，冬前各处理小麦旗叶胞间CO_2浓度均增加，其中单独镇压处理增加最大增加了22.28%，对照处理增加了16.65%，镇压+灌溉处理增加了15.77%，单独灌溉处理增加最小14.38%。至14 DAA，小麦旗叶胞间CO_2浓度冬前镇压+灌溉>灌溉>镇压>对照处理，除对照处理外，各处理间差异不显著。14~28 DAA，冬前对照处理小麦旗叶胞间CO_2浓度呈上升趋势，其他3种处理均下降。21~28 DAA，冬前镇压+灌溉处理下降最大，其次为灌溉处理，镇压处理下降最小。至28 DAA，冬前对照处理小麦旗叶胞间CO_2浓度最大，其次为单独镇压和单独灌溉处理，最小为镇压+灌溉处理。这表明，在灌浆的后期，冬前对照和镇压处理小麦旗叶胞间CO_2浓度显著大于灌溉和镇压+灌溉处理，可能由于对照和镇压处理衰老程度的增加，使小麦自身产生的CO_2量与光合作用消耗的CO_2量的比例逐渐增大，导致小麦旗叶胞间CO_2浓度逐渐增加。

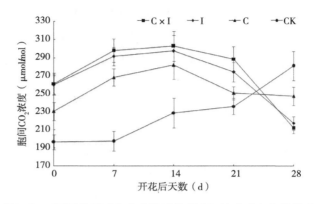

图2-25　不同处理对冬小麦旗叶胞间CO_2浓度（Ci）的影响

4.冬前镇压和灌溉对冬小麦旗叶净光合速率（Pn）的影响

由图2-26可知，小麦旗叶净光合速率变化趋势与蒸腾速率基本一致，至7 DAA，各处理小麦旗叶净光合速率均达到最大。0～21 DAA，小麦旗叶净光合速率总体表现为冬前镇压+灌溉和灌溉处理显著大于镇压处理，显著大于对照处理，其中镇压+灌溉和灌溉处理间无显著差异。14～28 DAA，冬前各处理旗叶净光合速率快速下降。至28 DAA，各处理小麦旗叶净光合速率表现为冬前灌溉>镇压+灌溉>镇压>对照处理，镇压+灌溉与灌溉处理间无显著性差异，其他处理间差异显著。这表明，冬前镇压和灌溉处理均能提高小麦旗叶净光合速率，同时缓解了其在灌浆后期的下降速度。

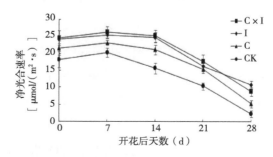

图2-26　不同处理对冬小麦旗叶净光合速率（Pn）的影响

5.冬前镇压和灌溉对冬小麦旗叶荧光特性的影响

（1）冬前镇压和灌溉对冬小麦旗叶初始荧光值（Fo）的影响。图2-27中可见，在整个灌浆期，冬前各处理小麦旗叶Fo均呈下降趋势。0 DAA，冬前镇压+灌溉处理小麦旗叶Fo最大，单独灌溉和单独镇压处理差异不显著，均显著大于对照处理。7～21 DAA，小麦旗叶Fo冬前镇压+灌溉>灌溉>镇压>对照处理，其中镇压+灌溉、灌溉和镇压处理间无显著差异，除14 DAA，对照处理与其他3种处理差异均显著。21～28 DAA，冬前对照处理小麦旗叶Fo下降最大36.54%，单独镇压处理下降了16.91%，镇压+灌溉处理下降了16.27%，单独灌溉处理下降最小11.96%。至28 DAA，冬前镇压+灌溉、灌溉和镇压处理间无显著差异，均显著大于对照处理。表明冬前镇压和灌溉处理均能提高小麦旗叶Fo，在灌浆的后期，对于减缓小麦旗叶Fo下降速率的作用较明显。

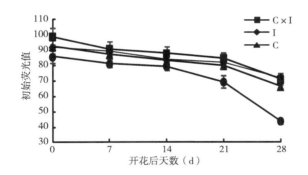

图2-27　不同处理对冬小麦旗叶初始荧光值（Fo）的影响

（2）冬前镇压和灌溉对冬小麦旗叶最大荧光值（Fm）的影响。图2-28中可以看出，各处理小麦旗叶Fm的变化趋势与Fo基本一致，逐渐下降。0～14 DAA，冬前镇压+灌溉和灌溉处理大于镇压和对照处理，各处理间差异性较小。至21 DAA，冬前镇压+灌溉处理小麦旗叶Fm最大，与灌溉处理差异不显著，均显著大于镇压和对照处理，其中对照处理最小且与镇压处理差异显著。21～28 DAA，冬前镇压+灌溉、灌溉以及镇压处理小麦旗叶Fm下降速率基本一致，均小于对照处理。表明冬前镇压和灌溉处理能显著减小灌浆后期小麦旗叶Fm的下降速率，维持较高水平。

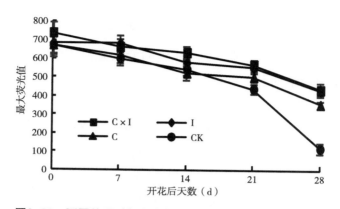

图2-28 不同处理对冬小麦旗叶最大荧光值（Fm）的影响

（3）冬前镇压和灌溉对冬小麦旗叶PSⅡ潜在活性（Fv/Fo）的影响。从图2-29中可知，0~7 DAA，冬前镇压+灌溉处理小麦旗叶Fv/Fo增加，其他3种处理均下降。7 DAA后，冬前各处理小麦旗叶Fv/Fo均下降。至21 DAA，冬前镇压+灌溉与灌溉处理差异不显著，均显著大于镇压和对照处理，其中镇压处理大于对照处理。21~28 DAA，冬前各处理小麦旗叶Fv/Fo下降速率均增大，镇压+灌溉、灌溉、镇压和对照处理分别下降了47.27%、44.15%、54.23%和59.73%。至28 DAA，冬前各处理间小麦旗叶Fv/Fo差异性与21 DAA基本一致。这表明，在灌浆的后期，冬前镇压和灌溉处理小麦旗叶Fv/Fo下降速率与对照相差不大，但小麦旗叶Fv/Fo仍保持较高水平，其中镇压+灌溉和灌溉处理的作用更加显著。

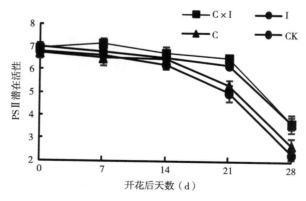

图2-29 不同处理对冬小麦旗叶PSⅡ潜在活性（Fv/Fo）的影响

（4）冬前镇压和灌溉对冬小麦旗叶最大光学效率（Fv/Fm）的影响。由图2-30可知，0~14 DAA，小麦旗叶Fv/Fm在冬前镇压+灌溉、灌溉、镇压以及对照处理间无显著差异。自14 DAA，冬前各处理下小麦旗叶Fv/Fm均开始迅速下降。14~28 DAA，冬前对照处理下Fv/Fm下降了28.24%，单独镇压处理下降了24.14%，镇压+灌溉处理下降了13.79%，单独灌溉处理下降最小9.30%。至28 DAA，冬前灌溉和镇压+灌溉处理下小麦旗叶Fv/Fm最大，其次是镇压处理和灌溉处理，对照处理最小。这表明，冬前镇压+灌溉、灌溉处理和镇压处理显著缓解了灌浆中后期小麦旗叶Fv/Fm的降低。

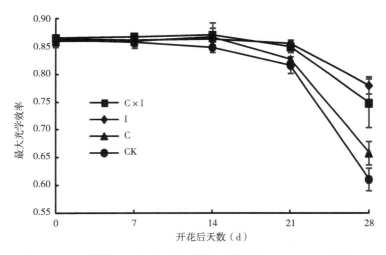

图2-30　不同处理对冬小麦旗叶最大光学效率（Fv/Fm）的影响

6. 冬前镇压和灌溉对冬小麦旗叶气孔数的影响

从图2-31中可以看出，5月15日，冬前灌溉处理小麦旗叶气孔数最多，其次为镇压+灌溉、镇压以及对照处理。灌溉处理少数小麦气孔的直径偏小，气孔数目较镇压+灌溉处理多，但差异不显著，这也表明镇压+灌溉与灌溉处理的气孔导度无显著性差异的原因。冬前镇压和对照处理的小麦旗叶气孔数显著小于灌溉处理，其中镇压处理的气孔数目大于对照处理，且差异不显著。这表明，根据小麦旗叶光合特性的差异性，小麦旗叶气孔数目可能是影响气孔导度、蒸腾速率等指标的重要原因之一。冬小麦旗叶气孔显微镜观察图如图2-32所示。

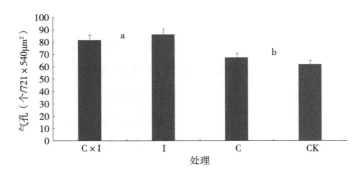

图2-31　不同处理对冬小麦旗叶气孔数的影响

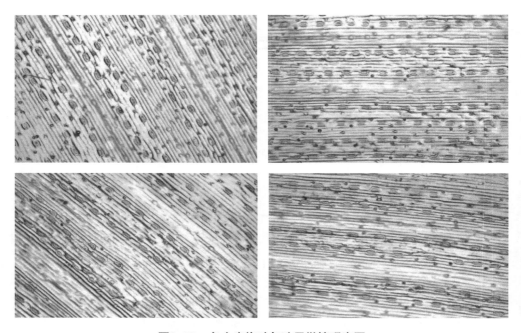

图2-32　冬小麦旗叶气孔显微镜观察图

7.冬前镇压和灌溉对冬小麦旗叶叶肉细胞叶绿体数和叶绿体基粒数的影响

由表2-25可见，冬前镇压+灌溉处理后小麦旗叶叶肉细胞叶绿体数和叶绿体基粒数在21 DAA显著高于其他处理。冬前单独灌溉和单独镇压处理无显著差异，均高于对照处理。表明冬前镇压+灌溉处理可显著提高21 DAA小麦旗叶叶肉细胞叶绿体数和叶绿体基粒数。

表2-25　不同处理对冬小麦旗叶叶肉细胞叶绿体数和叶绿体基粒数的影响

处理	叶肉细胞叶绿体数	叶绿体基粒数
C×I	20.4 a	16.0 a
I	18.2 b	12.6 b
C	17.4 b	11.6 bc
CK	14.0 c	10.2 c

8. 冬前镇压和灌溉对冬小麦旗叶叶绿体形状和排列的影响

由图2-33可以看出，冬前镇压+灌溉和灌溉处理后21 DAA小麦旗叶叶绿体呈椭圆形，总体来说叶绿体与细胞膜排列紧密，叶肉细胞壁较完整。冬前镇压处理后小麦旗叶出现少部分圆形叶绿体，部分叶绿体与细胞膜分离，细胞壁未出现明显的结构破坏。冬前对照处理下出现较多圆形叶绿体，部分叶绿体已经或正在发生消解，叶绿体与细胞膜发生分离，在叶肉细胞内排列紊乱。这表明，不同处理小麦旗叶叶绿体均有不同程度的损伤，其中冬前镇压+灌溉和灌溉处理旗叶叶绿体未见明显损伤，镇压处理部分损伤，对照处理损伤最严重。

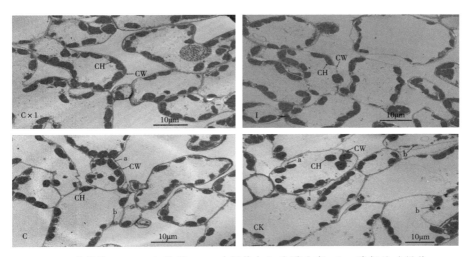

CH：叶绿体；CW：细胞壁；a：叶绿体与细胞膜分离；b：消解的叶绿体

图2-33　不同处理对冬小麦旗叶叶绿体形状和排列的影响

9.冬前镇压和灌溉对冬小麦旗叶叶绿体超微结构的影响

由图2-34可知，冬前镇压+灌溉和灌溉处理后小麦旗叶叶绿体在21 DAA表现为细胞膜和叶绿体膜较完整，叶绿体内有清晰的基粒片层且排列紧密，连接基粒片层的基质片层较清晰。此时冬前灌溉处理后的小麦旗叶小部分基粒片层间出现缝隙，出现小部分亲锇颗粒，且颜色较浅。而冬前镇压+灌溉处理的小麦旗叶出现部分淀粉粒沉积，亲锇颗粒较冬前灌溉处理增加，同时一小部分基粒片层间出现缝隙。冬前对照处理小麦旗叶细胞膜和叶绿体膜在21 DAA部分溶解，叶绿体趋于解体，大部分基粒片层变形且排列紊乱，同时大量基粒片层间出现缝隙，基质片层溶解且变得模糊，出现大部分的亲锇颗粒且颜色较深，并且部分叶绿体内部出现空洞。冬前镇压处理使小麦旗叶叶绿体21 DAA超微结构界于镇压+灌溉和对照处理之间。根据不同处理小麦叶绿体超微结构的损伤程度，可以看出，在21 DAA对照处理衰老最严重，其次为冬前镇压处理，镇压+灌溉和灌溉处理衰老特征较弱。

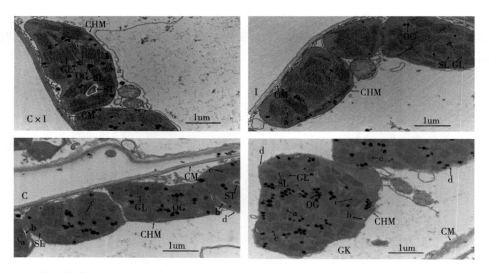

CHM：叶绿体膜；CM：细胞膜；GL：基粒片层；SL：基质片层；OG：亲锇颗粒；ST：淀粉粒；a：基粒片层间出现缝隙；b：空洞；c：基粒片层变形且排列紊乱；d：叶绿体膜溶解

图2-34 不同处理对冬小麦旗叶叶绿体超微结构的影响

四、冬前镇压和灌溉对冬小麦干物质积累及产量形成的影响

（一）冬前镇压和灌溉对冬小麦干物质积累量和分配比例的影响

从表2-26可见，开花期（5月1日），冬前灌溉处理的小麦干物质积累总量最大，与其他3种处理差异不显著。冬前灌溉处理的小麦茎鞘干物质积累量以及分配比例大于镇压和对照处理，镇压+灌溉处理最小。冬前镇压+灌溉处理的小麦叶片干物质积累量最大，与灌溉处理差异不显著，均显著大于镇压和对照处理，其中分配比例灌溉处理显著小于镇压+灌溉处理。冬前对照处理的小麦穗部干物质积累总量最大，其次为镇压、灌溉和镇压+灌溉处理，同时分配比例对照处理显著大于其他3种处理。这表明，此时期影响冬前灌溉处理干物质积累总量的主要因素是茎鞘和叶片，而对照处理主要是穗部。灌浆中期（5月17日），冬前镇压+灌溉、灌溉和镇压处理的小麦干物质积累总量无显著性差异，均显著大于对照处理。冬前镇压+灌溉和灌溉处理的小麦茎鞘、叶片干物质积累量显著高于镇压和对照处理。冬前灌溉处理的小麦穗部干物质积累量最小，分配比例与镇压+灌溉处理无显著性差异。成熟期（6月2日），冬前镇压+灌溉、灌溉和镇压处理的小麦干物质积累总量显著大于对照处理。冬前各处理的小麦茎鞘、叶片和穗部的干物质积累量与积累总量基本一致，其中灌溉处理的穗部分配比例显著小于镇压+灌溉处理。表明冬前镇压和灌溉处理都有助于提高小麦的干物质积累总量，其中冬前镇压+灌溉和灌溉处理的小麦穗部干物质积累量在灌浆后期显著大于镇压和对照处理。

表2-26　不同处理对冬小麦干物质积累量和分配比例的影响

日期 （月/日）	处理	积累量（kg·hm²）				分配比例（%）		
		总量	茎鞘	叶片	穗	茎鞘	叶片	穗
5/1	C×I	10 750.16 b	5 648.05 c	2 976.23 a	2 125.88 c	52.54 b	27.69 a	19.77 b
	I	11 912.47 a	6 953.76 a	2 812.70 a	2 146.01 c	58.37 a	23.61 b	18.02 b

（续表）

日期（月/日）	处理	积累量（kg·hm²）				分配比例（%）		
		总量	茎鞘	叶片	穗	茎鞘	叶片	穗
5/1	C	10 682.23 b	6 045.55 b	2 120.85 b	2 515.83 b	56.59 a	19.86 c	23.55 ab
	CK	10 747.09 b	6 130.52 b	1 772.41 c	2 844.16 a	57.04 a	16.49 d	26.46 a
5/17	C×I	16 876.21 a	8 123.63 ab	2 898.24 a	5 854.34 a	48.14 b	17.17 a	34.69 b
	I	16 537.21 a	8 541.25 a	2 783.15 a	5 212.81 b	51.65 a	16.83 a	31.52 b
	C	16 028.37 a	7 854.43 b	1 984.99 b	6 188.95 a	49.00 b	12.38 b	38.62 a
	CK	14 101.25 b	6 654.38 c	1 539.69 c	5 907.18 a	47.19 b	10.92 b	41.89 a
6/2	C×I	1 7633.16 ab	5 701.43 b	2 100.72 a	9 831.01 a	32.33 b	11.91 a	55.76 a
	I	18 816.59 a	6 314.36 a	2 196.07 a	10 306.16 a	33.56 ab	11.67 a	54.77 b
	C	16 461.36 b	5 508.62 b	1 954.80 b	8 997.94 b	33.46 ab	11.88 a	54.66 b
	CK	14 218.02 c	5 069.40 c	1 252.37 b	7 896.25 c	35.65 a	8.81 b	55.54 a

（二）冬前镇压和灌溉对冬小麦干物质转运特性的影响

从表2-27可知，冬前对照处理的小麦花前干物质转移量最大，其次为单独镇压和单独灌溉处理，且无显著性差异，最小为镇压+灌溉处理。各处理间小麦花前干物质转移率、贡献率与转移量差异基本一致。冬前灌溉处理的小麦花后干物质积累量最大，分别比镇压+灌溉、镇压和对照处理高了0.31%、19.47%和91.04%，灌溉与镇压+灌溉处理差异不显著。对籽粒的贡献率冬前镇压+灌溉处理显著大于其他处理，分别比灌溉、镇压和对照处理增加了13.07%、17.27%和83.93%，其中单独灌溉和单独镇压处理差异不显著。表明冬前镇压和灌溉处理的小麦干物质对籽粒的贡献率主要在开花期以后。

表2-27　不同处理对冬小麦干物质转运特性的影响

处理	花前干物质			花后干物质	
	转移量 （kg·hm²）	转移率（%）	贡献率（%）	积累量 （kg·hm²）	贡献率（%）
C×I	919.15 c	8.55 c	11.18 c	6 883.00 a	88.82 a
I	1 606.31 b	13.48 b	21.45 b	6 904.12 a	78.55 b
C	1 684.29 b	15.77 b	24.26 b	5 779.13 b	75.74 b
CK	2 850.84 a	26.53 a	51.71 a	3 470.93 c	48.29 c

（三）冬前镇压和灌溉对冬小麦籽粒干重及灌浆速率的影响

从图2-35可见，各处理小麦籽粒增重均呈"S"形曲线。7 DAA，冬前对照处理的小麦籽粒干重最大，其次为镇压和镇压+灌溉处理，最小为灌溉处理。7~21 DAA，冬前各处理小麦籽粒灌浆速率均呈增加趋势，其中镇压和对照处理大于镇压+灌溉和灌溉处理（表2-28）。至21 DAA，冬前镇压和对照处理的小麦籽粒干重均显著大于镇压+灌溉和灌溉处理。21 DAA后，冬前镇压和对照处理的小麦籽粒灌浆速率迅速下降，至28 DAA，分别下降了64.52%和66.38%，而镇压+灌溉和灌溉处理分别下降了10.31%和10.17%（表2-28）。28 DAA后，冬前镇压+灌溉和灌溉处理小麦籽粒灌浆速率迅速下降。至35 DAA，小麦籽粒干重冬前镇压+灌溉>灌溉>镇压>对照处理。表明冬前镇压和灌溉处理均能提高小麦成熟期籽粒干重，尤其在灌浆中后期，镇压+灌溉和灌溉处理小麦籽粒的灌浆速率显著大于镇压和对照处理。

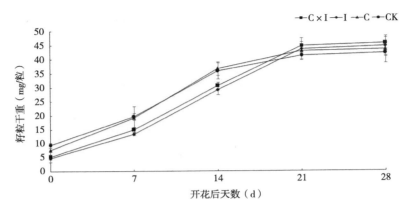

图2-35　不同处理对冬小麦籽粒干重的影响

表2-28　不同处理对冬小麦籽粒灌浆速率的影响

处理	开花后天数（d）				
	7	14	21	28	35
C×I	0.75 b	1.40 ab	2.23 a	2.00 a	0.15 a
I	0.68 b	1.24 b	2.26 a	2.03 a	0.13 a
C	1.09 ab	1.67 a	2.48 a	0.88 b	0.08 b
CK	1.36 a	1.46 ab	2.29 a	0.77 b	0.07 b

（四）冬前镇压和灌溉对冬小麦产量及其产量构成因素的影响

从表2-29中可知，两生长季各处理小麦产量构成指标差异性基本一致。2016—2017年生长季，冬前镇压+灌溉处理小麦穗数在成熟期最大，其次为单独灌溉和单独镇压处理，最小为对照。冬前镇压+灌溉处理小麦穗粒数最大，与单独灌溉和单独镇压处理无显著差异，且显著大于对照处理。除对照外，冬前各处理间小麦千粒重无显著差异，均显著大于对照处理。籽粒产量冬前镇压+灌溉＞灌溉＞镇压＞对照处理，且处理间差异显著。表明本试验影响产量的主要因素是穗数。冬前灌溉处理的小麦生物产量最大，与镇压+灌溉处理差异不显著，显著大于镇压和对照处理。冬前灌溉处理的小麦收获指数小于镇压+灌溉处理，最小为对照处理。这表明，冬前镇压和灌溉处理均可增加小麦的生物产量、收获指数以及水分利用效率，其中镇压+灌溉处理的作用更加显著。

表2-29　不同处理对冬小麦产量及其产量构成因素的影响

时间	处理	穗数 （10^4穗/hm^2）	穗粒数 （粒）	千粒重 （g）	籽粒产量 （kg/hm^2）	生物产量 （kg/hm^2）	收获指数
	C×I	672.12 a	29.22 a	45.75 a	8 079.32 a	18 911.22 a	0.43 a
	I	661.63 ab	28.96 ab	44.45 a	7 515.72 b	19 268.46 a	0.39 b
2015—2016	C	654.98 ab	28.13 ab	42.03 ab	6 841.85 c	16 691.30 b	0.41 ab
	CK	611.14 b	26.31 b	39.85 b	5 399.67 d	15 002.61 c	0.36 c
	C×I	699.03 a	30.10 a	45.15 a	8 221.29 a	19 483.16 ab	0.42 a
	I	671.47 ab	28.27 ab	44.14 a	7 488.01 b	20 016.59 a	0.37 bc
2016—2017	C	644.63 b	28.80 ab	43.59 a	6 943.33 c	17 861.36 b	0.39 b
	CK	629.22 c	25.20 b	40.10 b	5 512.74 d	15 419.02 c	0.36 c

五、结论和讨论

土壤为植物生长提供赖以生存的环境，而土壤特性是影响土壤环境的重要因素。研究表明，低温天气，不造墒不镇压不利于小麦安全越冬，尤其是玉米秸秆还田后的麦田，易使土壤被架空，土壤疏松，导致耕层透风失墒。因此，提供适宜的土壤环境有利于小麦安全越冬以及返青后的生长。吕美蓉等研究表明，镇压后的土壤紧实度增加，耕层含水量显著提高。而冬灌能显著提高土壤中的水分，踏实土壤。本研究中，冬前镇压和灌溉处理使0~10cm土层紧实度显著增加，有利于防止冷空气入侵以及地温的散失。15~40cm土层，冬前镇压+灌溉和灌溉处理土壤紧实度显著小于镇压和对照处理，其中镇压+灌溉处理在25~40cm深层土壤的紧实度小于单独灌溉处理，这也表明冬前镇压后灌溉能显著减小深层土壤紧实度，有利于根系的下扎，与前人研究结果一致。从越冬期到起身期，冬前镇压+灌溉、灌溉以及镇压处理的土壤含水量均显著高于对照处理，表明冬前镇压和灌溉处理对越冬期后土壤保墒仍有重要的作用。此外，土壤含水量充足还有助于秸秆还田后的加速腐熟分解，为苗期生长提供更多的养分。

土壤耕作容易改变自身的物理特性，影响热量在土壤中流动，影响土壤中的温度状况。肖国胜等研究表明，镇压可粉碎坷垃，填实土壤缝隙，使土壤温度显著提高。冬灌能有效地缩小土壤中的缝隙，有利于阻止冷空气入侵土壤，一定程度上减缓了地温的散发，减小低温对小麦根系的伤害。本研究中，冬前镇压和灌溉处理后夜间土壤温度高于对照处理，白天低于对照处理，且随着气温的变化地温变化幅度小于对照处理，表明冬前镇压和灌溉处理后土壤的孔隙度变小，受外界温度变化的影响减小，具有稳定土壤温度的作用。

一般情况下，植物体内活性氧自由基的产生和清除保持动态平衡。而外界的不利环境会对这个动态平衡造成一定的影响。低温下，小麦叶片O^{-2}产生速率增加，活性氧自由基积累，对小麦的生长造成危害。徐雯等研究表明，低温胁迫下，植物体内形成活性氧防御系统，抗氧化酶活性增强，有利于缓解活性氧自由基对植物体带来的危害。而通过栽培技术措施改变土壤环境，有助于植物体抗氧化酶活性的提高。孙艳等研究表明，土壤紧实度增加，小麦叶片的SOD、CAT、POD活性增强。本研究结果发现，随着温度的降低，各处理小麦叶片SOD活性呈增加趋势，而CAT和POD活性均降低，其中冬前镇压+灌溉、灌溉和镇压处理均大于对照处理，镇压处理小于镇压+灌溉以及灌溉处理。这表明，低温条件下，冬前镇压和灌溉处理均有助于提高小麦叶片抗氧化酶活性，其中灌溉处理的作用大于镇压处理。Fryer等研究认为，抗氧化酶活性的提高能有效降低MDA含量，同时减小活性氧对植物的伤害。本研究中，各处理小麦叶片MDA含量在气温较低时均降低，说明可能由于小麦自身的调节作用导致MDA含量下降。而冬前镇压+灌溉、灌溉和镇压处理小麦叶片MDA含量小于对照处理，也表明了镇压和灌溉有助于提高小麦的抗寒性。

Kocsy等研究表明，低温胁迫下，植物体内的可溶性糖含量升高。同样，低温条件下，有利的外界因素也会有助于植物体内可溶性糖含量的提高。本研究中，越冬期低温条件下，冬前各处理小麦叶片可溶性糖含量均升高，其中镇压+灌溉、灌溉和镇压处理显著高于对照处理。表明冬前镇压和灌溉处理后，改变了土壤的水分含量以及地温，可能有助于小麦叶片可溶性糖含量的提高。经过低温锻炼后，当再次遭受低温胁迫时，植物体内的可溶性糖含量显著升高。本研究中，春季发生低温倒春寒时，各处理小麦叶片可溶性糖含量再次升高，其中冬前镇压+灌溉、灌溉和镇压处理增加显著。表明可能由于冬季低温锻炼充分，提高了小麦的抗寒性。

镇压和灌溉处理可改变土壤特性，而土壤特性对小麦根系以及地上部的生长具有重要的影响。研究发现，镇压处理后土壤中的根系能够及时伸长，有利于根系下扎，深层土壤中相对稳定且较高的含水量可供根系吸收，即使上层土壤出现干旱情况也能保证根系及地上部的生长。刘万代等研究表明，镇压处理有利于根系的生长，尤其是增加单株次生根数。因此苗期缺水条件下，小麦根系生长缓慢，根系总体积、总面积、总长度以及干重显著减小。本研究中，冬前各处理小麦根系在越冬期总体生长缓慢，其中镇压+灌溉、灌溉和镇压处理的根系指标大于对照处理，但差异显著性不大。返青期后，根系开始快速生长，冬前镇压+灌溉、灌溉和镇压处理的根系总长度、总面积及总体积显著大于对照处理，其中镇压+灌溉和镇压处理高于灌溉处理。这表明，冬前镇压和灌溉处理有助于根系各指标的生长，其中主要在返青期以后，而且镇压处理的作用大于灌溉处理。宁德峰等研究表明，镇压处理促进小麦生长发育，可使越冬期和春季最高单株分蘖数增加0.7~0.8个，同时可增加小麦植株高度。冬季土壤温度高有利于小麦生长成壮苗，增加分蘖数。本研究中，冬前镇压+灌溉、灌溉和镇压处理小麦分蘖数在返青期后显著大于对照处理。表明冬前镇压和灌溉处理影响小麦分蘖数主要在返青期以后。在越冬期，冬前对照处理的小麦植株高度显著高于其他3种处理，到开花期相反，其中镇压+灌溉和灌溉处理高于镇压处理。这表明，冬前镇压和灌溉处理有利于增加小麦的株高，而灌溉处理的作用更显著。在具有一定抗倒伏能力情况下，小麦的株高越高对产量的增加越有利。本试验中，冬前镇压+灌溉处理小麦株高小于单独灌溉处理，也表明了冬前镇压后灌溉处理在保证小麦产量的前提下，显著提高小麦的抗倒伏能力。

小麦抗倒伏能力差是由于茎秆基部节间伸长变细，导致茎壁厚度变薄，机械组织不发达，从而使茎秆强度减小，出现倒伏情况。研究表明，镇压处理后的小麦茎秆变矮增粗，可使基部第1节间缩短1~2cm，基部茎节变粗，同时茎壁机械组织增厚。而水分适宜条件下，小麦茎秆粗度、机械强度、基部节间干物质和干物质输出量显著变粗或增加。于振文研究表明，充足的水分能促进小麦节间伸长。本研究中，冬前镇压和灌溉处理均显著减小了小麦基部第一二节间长度，增加了单位长度干重以及茎粗，其中镇压+灌溉处理的作用最大，其次是镇压处理。表明单独镇压处理的作用大于单独灌溉处理，同时也解释了镇压+灌溉处理的株高比单独灌溉处理低的原因，提高了小麦的抗倒伏能力。冬前镇压和灌溉处理的小麦基部第一二节间壁厚显著大于对照处理，其中最主要的影响因素是薄壁细胞组织，而厚壁机械组织各处理之间差异不显著。

旗叶是小麦进行光合作用的重要器官。提高旗叶的光合能力，延缓衰老，有利于籽粒增重。研究表明，低温易使小麦生理发生变化，造成春生叶片发黄，叶面积减少，导致营养器官或者生殖器官受损，进而影响光合能力。Reynolds和Qu等研究表明，干旱胁迫抑制了小麦的生长发育，使小麦叶片叶绿素含量降低，造成光合能力下降。本研究中，冬前镇压和灌溉处理对灌浆期小麦旗叶叶绿素相对含量降解起到了缓解作用。在灌浆前中期，冬前各处理小麦旗叶叶绿素相对含量差异并不大。到灌浆中后期，冬前镇压+灌溉、灌溉以及镇压处理显著高于对照处理。这表明冬前镇压和灌溉处理对小麦旗叶叶绿素相对含量的影响主要在灌浆的中后期。冬前镇压+灌溉和灌溉处理高于镇压处理，表明镇压+灌溉及灌溉处理显著增加了灌浆中后期旗叶叶绿素相对含量。有研究表明，土壤干旱会降低小麦叶片Fv/Fm，同时ETR和ΦPSⅡ显著下降，而苗期土壤水分的变化以及土壤温度的变化必然影响到小麦植株光合同化能力。本研究中，冬前镇压+灌溉、灌溉或镇压处理都可缓解灌浆中后期旗叶Fo、Fm、Fv/Fo以及Fv/Fm下降，其中灌溉和镇压+灌溉处理缓解效果大于镇压处理。

叶绿素荧光与光合作用紧密联系，植物在进行光能的吸收、传递和转换过程中，叶绿体色素起关键性作用。叶绿素荧光值的变化一般会伴随着植物光合值的波动，而土壤水分是影响植物光合能力的主要因素之一。张永平等研究表明，苗期不同水分供给对灌浆期小麦叶片净光合速率的影响差别较大，土壤水分亏缺导致光合能力显著下降。本研究中，在整个灌浆期，冬前镇压+灌溉、灌溉以及镇压处理小麦旗叶净光合速率均显著大于对照处理，这与前人研究结果一致。28 DAA，冬前镇压+灌溉处理小于灌溉处理，可能由于镇压处理对叶片的机械伤害，使灌浆后期叶片的衰老程度加快，导致光合速率下降。叶片净光合速率的变化一般与叶绿素含量、气孔和非气孔等因素有关。小麦叶片净光合速率下降的同时，若伴随着蒸腾速率及气孔导度下降，则说明气孔是影响净光合速率的因素之一。本研究中，在整个灌浆期，小麦旗叶蒸腾速率和气孔导度的变化趋势与净光合速率基本一致。因此，冬前镇压和灌溉处理均能提高小麦旗叶净光合速率、蒸腾速率以及气孔导度，而灌溉处理的作用更加显著，同时本研究中冬前灌溉处理的气孔数偏多也是影响结果的重要原因之一。

土壤水分不足会破坏旗叶叶肉细胞内的叶绿体及其超微结构，表现为叶绿体与细胞膜分离，在叶肉细胞内排列紊乱，叶绿体膜破裂，趋于解体。郭建平等研究表明，土壤水分适宜时，叶绿体膜保持完整，叶绿体基粒片层形态正常，基质片层清晰。本试验结果表明，冬前镇压+灌溉和灌溉处理后小麦旗叶在灌浆中后期（21 DAA）显著提高了叶肉细胞叶绿体数和叶绿体基粒数，极大部分叶绿体呈椭圆形，与细胞膜排列紧密，基粒片层及连接基粒片层的基质片层形态正常，出现少部分的亲锇颗粒，衰老特性不明显；对照处理小麦旗叶在灌浆中后期（21 DAA）部分叶绿体由椭圆形变为圆形，与细胞膜分离且排列紊乱，基粒片层变形，基质片层溶解，亲锇颗粒较多且颜色较深，叶绿体内部出现空洞。单独镇压处理叶绿体形态表现处于前两者之间。叶绿体超微结构的损伤会加重叶片的衰老，表明冬前镇压和灌溉处理缓解了叶片的衰老。吴沅英等研究表明，叶绿体超微结构与光合速率密切相关。因而延缓叶片衰老是保证光合速率高值持续期的关键。

冬前镇压和灌溉处理可显著提高土壤含水量，而土壤水分对小麦生育期干物质积累以及籽粒的形成具有重要作用。研究表明，土壤水分充足，小麦花后干物质积累量增加，提高其对籽粒的贡献率。张迪研究表明，镇压处理花前干物质向籽粒的贡献率减少，但增加了花后干物质的积累量，此外冬前灌溉处理花前干物质转移量、转移率以及贡献率均降低。本研究中，冬前镇压和灌溉处理显著增加小麦茎鞘、叶片以及穗部干物质积累量，并且干物质积累总量显著大于对照处理。冬前镇压和灌溉处理花前干物质转移量、转移率以及贡献率均小于对照处理，但花后干物质对籽粒的贡献率显著大于对照处理，其中镇压+灌溉处理的作用最好。这表明冬前镇压和灌溉处理的小麦干物质积累以及其对籽粒的贡献率主要在开花以后，与郑成岩的研究结果一致。

有研究表明，干物质积累量和籽粒灌浆速率对籽粒生长均具有重要作用，其中灌浆速率是籽粒干重增长的决定因子，与持续时间无关。但也有人认为籽粒灌浆持续时间与粒重呈正相关。吴少辉等进一步研究认为，增加粒重的主要方法是提高渐增期和快增期灌浆速率。通常情况下，籽粒灌浆速率以及灌浆时间可通过适当的农艺措施来提高。张迪研究认为，冬前镇压和灌溉处理均可提高小麦籽粒的灌浆速率和灌浆时间。本研究中，冬前镇压和灌溉处理主要提高了小麦灌浆后期的灌浆速率，同时延长了灌浆时间，从而提高了籽粒的干重，其中灌溉处理的作用更显著。宁德峰等研究表明，镇压可使小麦分蘖成穗率提高8%～15%。贺明荣等进一步研究表明，土壤紧实度可显著影响小麦分蘖成穗率。本研究中各处理小麦的千粒重和穗粒数差异显著性并不大，但冬前镇压和灌溉处理显著提高了小麦的亩穗数，增加了小麦产量，其中镇压+灌溉处理的作用最大，其次是灌溉和镇压处理，因此影响本试验小麦产量结果的主要因素是亩穗数。郑成岩等研究表明，越冬期水分充足有助于提高小麦的收获指数。本研究中，冬前镇压和灌溉处理显著提高了小麦的收获指数，其中镇压+灌溉和镇压处理的作用大于灌溉处理，而灌溉处理的生物产量显著高于其他处理。因此，在大田生产中，增加生物产量的同时，如何更好地提高收获指数还需更深入的研究。

冬前镇压和灌溉处理一直被用作防冻保苗、抗春旱的重要措施，基于本研究结果，其对小麦的生长发育及延缓植株的衰老也有着重要作用，进而增加了灌浆期光合作用时间，实现了产量的增加。在黄淮海冬麦区，玉米秸秆还田已被大面积推广，因此做好冬前镇压或灌溉是一种必要的栽培技术措施。此外，还要依据土壤墒情及气候因素，因地制宜，使农艺措施发挥最大作用。

第三章 山东省小麦轻简化栽培技术

第一节 耕层优化轻简化栽培技术

一、耕层优化轻简化栽培技术的提出

玉米秸秆还田，旋耕后播种小麦为黄淮海麦区最为普遍的耕种方式。该耕种方式主要存在以下缺点：第一，玉米秸秆还田处理不当导致小麦出苗效果差。玉米秸秆还田，粉碎效果差、抛洒不均，产生局部堆积，又因旋耕整地埋深过浅，播种时易将小麦种子播在秸秆间。在种子萌发后，小麦根系与土壤结合不紧密，后期易受旱、受冻，造成弱苗乃至死苗。第二，连年旋耕导致犁底层变浅。犁底层的出现限制了上下层土壤水分、养分的交换，阻碍了小麦根系向深层发展，造成根系表层化，使得小麦灌浆后期易早衰，造成小麦减产，并降低了肥料利用效率。第三，秸秆还田、旋耕作业、小麦播种多道工序作业时间长，并增加了生产成本，不利于提高植麦效益。

针对上述问题，以"农机农艺相结合"为目标，山东省农业科学院作物研究所开展了以将苗带旋耕、振动深松、肥料分层深施、等深匀播和播后镇压等为核心的小麦栽培技术，形成了"两深一浅"耕层优化简化栽培技

术，并与山东省农业机械技术推广站合作，创新农机具一次性完成上述复式作业。

二、配套机械研制

农机农艺结合，是做好项目实施的前提。项目在实施过程中，采取边研制、边试验、边改造的方式开展配套机具研制工作。并积极与示范县农机站、农技站的科技人员合作，使农机农艺有机结合，确保技术展现出应有的增产增收效果，并在全省范围内推广应用。

小麦"两深一浅"耕层优化简化高效栽培技术配套播种机由悬挂架连接拖拉机牵引动力，在主支架下装配着固定、松土、施肥、播种和镇压等功能的机械设置，由前向后依次排列。这些配置把以往的耕地、耙地、施肥和播种等多道工序集中在一起，进行了创新设计和革新改进，综合成为科学高效的新方法（图3-1）。

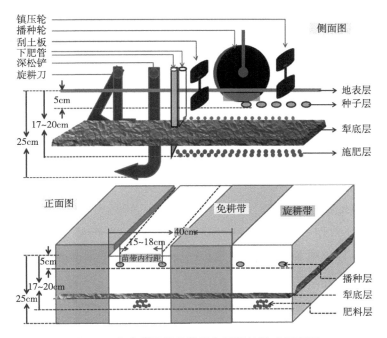

图3-1 小麦耕层优化等深匀播栽培模式示意图

按照小麦"两深一浅"耕层优化简化高效栽培技术农艺要求，为了精确调控播种机在松土、施肥、播种3项作业时的深度，在播种机机架两边装置了支撑轮。松土铲装配在支架的前端由偏心轴来带动，作业时它以振动的方式松土。松土铲的入土深度可以根据地块情况进行调整，一般深松深度在25cm左右。在松土铲后面，装配着旋耕刀，一是将松土铲松动起来的土块打碎，配合松土铲共同完成"整地"任务；二是把地表的秸秆、土杂肥拌合到土壤中。传统的"深耕细耙"两道程序，经过革新改进简化合并，变成不扰乱耕层结构的高效松土法。

播种机同步分层深施肥，科学的分配肥料到土壤的深浅部位，让小麦从生根出苗起就处在一个良好的肥效范围中，为前期生长、分蘖壮苗提供充足的养分。播种机的施肥装置由肥料箱、排肥调节阀、排肥管、浅层施肥器、深层施肥器等部件组成。具有分层分量集中施肥的功能，与播种同步将肥料施入土壤中。播种装置由种子箱、排种管、排种器和圆盘开沟播种器组成。

开沟播种器由两片圆盘器组成，两圆盘器内有两个下种管，确保种子在两个圆盘器之间均匀落下，打破了过去的一条线布种方式。圆盘器不但通过切压开辟出精细的种床来，通过转动，还会把种子以单粒方式均匀地布入种床内，避免了传统播种种子分布不均匀的弊端，消灭了缺苗断垄和疙瘩苗现象。

在播种器前后还配套安装着镇压滚，前镇压滚较小，主要用来压碎小土块，为开沟播种营造"精细平整"的种床条件而设计。后镇压滚用来镇压播种垄沟，保障种子与土壤密合，生根发芽。

经过反复试验、不断改进，研制出两种规格的免耕、深松、施肥、播种和镇压一体化复式小麦播种机：分别是70～90马力拖拉机牵引、一次播4个苗带8行的复式作业免耕播种机和120马力拖拉机牵引、一次播种6个苗带12行的复式作业免耕播种机（图3-2）。播种机主要在带状旋耕创造良好苗床、振动深松打破犁底层、基肥集中深施提高肥料利用率、圆盘播种控制播种深度及播后镇压等技术环节方面进行了革新。

图3-2　配套播种机（左田间作业；中播种机侧面；右土层工作示意图）

三、耕层优化栽培技术增产机理

　　土壤的理化性质通过影响作物根系生长和分布，进而影响到小麦生长发育及产量。长期深耕、旋耕容易导致表层土壤结构不稳定，土壤团聚体质量下降，使农田表层土壤流失和风蚀加剧，影响了土壤蓄水能力，连年耕作导致犁底层加厚，不利根系下扎和对水肥的利用。少耕免耕等保护性耕作方式改善了农业环境，但长期免耕、少耕使得土壤容重增大，土壤紧实，通透性变差，影响作物根系生长发育。同时易造成土壤有机碳和养分表层富集化，深层土壤微生物量的减少和土壤酶活性的降低。此外，秸秆还田易造成小麦播种质量差、田间缺苗断垄等问题。耕层优化双行匀播耕作技术是解决上述问题的有效措施，该技术结合了传统精耕细作播种和保护性耕作的优点，并通过创新农机具一次性完成苗带旋耕、振动深松、肥料分层深施、等深匀播和播后镇压等多个技术环节，作业效率高，降低了作业成本。较旋耕和深耕相比，耕层优化双行匀播技术可使小麦产量提高8%～13%。近年来，该技术成功在山东省多个小麦生产地以及国家小麦产业技术体系咸阳试验站得到推广和应用。

　　为明确耕层优化简化栽培技术的增产增效机理，2014—2018年，通过比较试验，分析旋耕、深耕、耕层优化双行匀播3种不同耕作方式对麦田土壤理化性质、小麦光合生产能力、衰老特性、根系发育以及最终产量的影响。选用小麦品种'鲁原502'为试验材料，每年10月5日左右播种，基本苗为每公顷225×10^4苗，共设旋耕（RT，操作流程：将前茬玉米秸秆全部粉碎还田，之后撒施底肥，用旋耕机旋耕2遍，深度约为13cm，之后拖拉机耙地2遍，人工筑埂打畦，机械等行距种植，行距约为20cm）、深耕［DT，操作流程：将前茬玉米秸秆全部粉碎还田，然后撒施底肥，铧式犁耕翻（深度约25cm），接着旋耕机旋耕2遍（深度13cm），之后拖拉机耙地2遍，人工进行筑埂打畦，机播等行距种植，行距约为20cm］、耕层优化双行匀播［MT，操作流程：将前茬玉米秸秆全部粉碎还田，使用耕层优化双行匀播机（机械由山东省农业科学院、山东省农业机械技术推广站及山东郓城动力机械有限公司合作研制）一次性完成苗带旋耕，振动深松打破犁底层（25～30cm），基肥以5：5比例分层深施（10～13cm和17～20cm），圆盘开沟器等深匀播（宽窄行播种，平均行距20cm，宽行行距25cm，窄行行距15cm），之后镇压器镇压］3种耕作方式，于2012年10月3日播种，条播，行距为20cm，播前施入纯N 120kg/hm²、P_2O_5 60kg/hm²、K_2O 120kg/hm²，深耕和旋耕处理将肥料撒施于土表后再进行耕作处理，耕层优化双行匀播处理种肥同播；拔节期追施纯N 120kg/hm²，氮肥为尿素，管理同大田高产栽培。试验小区长为50m，宽为6m，面积共300m²，试验采用随机区组设计，重复3次。试验结果分析如下。

（一）耕层优化双行匀播技术对麦田土壤理化特性的影响

1. 不同耕作方式对土壤容重的影响

土壤容重是土壤重要的物理性状指标之一，直接影响着土壤养分的转化与利用。由图3-3可以看出，3种耕作方式对表层土（0～15cm）以及较深土层（45～65cm）土壤容重并无显著影响。但不同的耕作方式对于15～45cm土层土壤容重有显著影响。旋耕处理下，15～25cm土层土壤容重迅速增加，较0～15cm增加了9.6%，显著高于深耕和耕层优化双行匀播处理，而深耕和耕层优化双行匀播处理间无显著差异。深耕处理下，土壤容重在25～35cm土层快速增加，较15～25cm增加10.9%，并显著高于旋耕，其次是耕层优化双行匀播处理。35～45cm土层，土壤容重在3种耕作方式下表现为与25～35cm

土层一样的趋势。可见旋耕和深耕处理导致犁底层的出现，而耕层优化双行匀播技术通过振动深松，打破了犁底层，加厚了耕层。

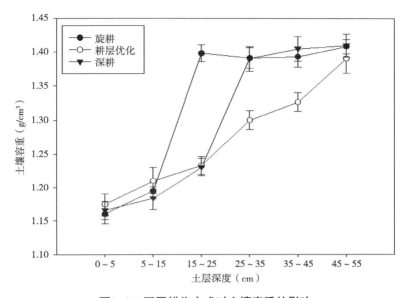

图3-3　不同耕作方式对土壤容重的影响

2. 不同耕作方式对小麦不同生长时期土壤含水量的影响

0～105cm土层内，麦田土壤水分含量在生育期内呈先下降后上升趋势，在分蘖期土壤含水量达到最低，小麦灌浆后期土壤含水量最高。土壤含水量在很大程度上受降水量影响，本研究中小麦成熟期麦田土壤含水量较高可能与5月份较大降水量相关（图3-4）。耕作方式对土壤含水量具有直接影响（图3-4）。不同生育时期，不同耕作方式对麦田不同土层土壤含水量影响表现为一致趋势。与深耕和旋耕相比，耕层优化双行匀播技术提高了0～75cm土层的含水量，尤其是25～35cm土层土壤含水量，与深耕和旋耕之间差异极为显著，较深耕及旋耕相比，耕层优化双行匀播技术使25～35cm土层土壤含水量分别提高了10.36%和11.7%。75～105cm范围内3种耕作方式含水量差异不大。与深耕相比，旋耕处理下较浅土层含水量低，而深层含水量较高。

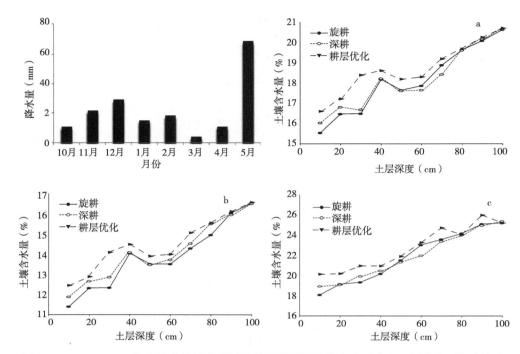

图3-4　2012—2013年小麦生长季降水量柱状图及不同耕作方式对小麦不同生育时期土壤含水量的影响

a、b、c分别代表小麦苗期、起身期、灌浆中期0~100cm土壤含水量变化

3. 不同耕作方式对土壤速效养分的影响

不同耕作方式下，随土壤深度的增加，土壤碱解氮、速效磷及速效钾含量均呈下降趋势。不同耕作方式对不同土层内土壤速效养分含量有着显著影响。如图3-5所示，0~15cm，碱解氮含量在旋耕处理下达到最大，其次是耕层优化双行匀播处理，在深耕处理下最低，处理间达到显著差异。25~35cm、35~45cm土层，碱解氮含量在耕层优化双行匀播处理下达到最大，较旋耕和深耕分别高30.26%、35.91%和18.37%、27.75%，处理间达到了显著差异。而在45~65cm土层，3种耕作方式下碱解氮含量无显著差异。不同耕作方式下不同土层土壤速效磷、钾含量的变化与土壤碱解氮含量表现为一致的趋势（图3-5）。

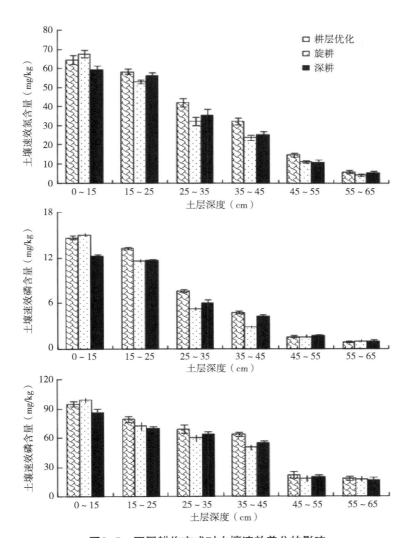

图3-5　不同耕作方式对土壤速效养分的影响

4. 不同耕作方式对土壤微生物碳氮量的影响

随土层深度的增加，不同耕作方式下土壤微生物碳、氮量均呈下降趋势。由图3-6可见，0～15cm土层土壤微生物碳含量表现为旋耕>耕层优化双行匀播>深耕，土壤微生物氮含量处理间差异不显著。15～25cm土层土壤微生物碳、氮含量在3种耕作方式处理间无明显差异。25～35cm土层土壤碳、氮含量在耕层优化双行匀播处理下达到最高，较旋耕、深耕分别提高

21.87%、13.96%（*P*<0.05），微生物氮含量分别提高了23.83%、14.57%（*P*<0.05）。35～45cm土层土壤微生物氮含量在耕层优化双行匀播处理下最高，显著高于深耕和旋耕处理，但深耕和旋耕处理间无显著差异，而35～45cm土层微生物碳含量处理间差异并不显著。

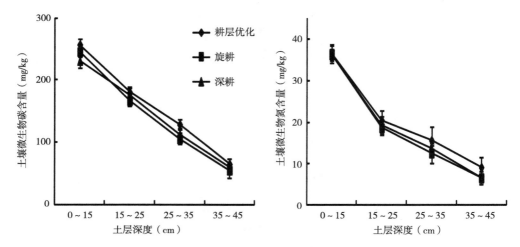

图3-6　不同耕作方式对土壤微生物碳氮量的影响

5. 不同耕作方式对土壤酶活性的影响

由图3-7可见，土壤脲酶、磷酸酶和蔗糖酶活性均随土层深度的增加呈降低趋势。不同耕作方式对于不同土层3种酶活性影响不同。0～15cm土壤脲酶、蔗糖酶活性均在旋耕处理下达到最大，显著大于深耕和耕层优化双行匀播处理，而深耕和耕层优化双行匀播处理间差异不显著。0～15cm土壤磷酸酶活性在3种处理间无显著差异。15～25cm土层，土壤脲酶、磷酸酶和蔗糖酶活性在耕层优化双行匀播技术下均显著高于旋耕处理，但与深耕处理差异不显著。25～35cm土层土壤脲酶、磷酸酶、蔗糖酶活性均表现为耕层优化>深耕>旋耕，且处理间差异显著。35～45cm土层，土壤磷酸酶活性在耕层优化处理下较深耕及旋耕分别提高了14.39%和26.85%（*P*<0.05），土壤蔗糖酶活性分别提高了13.29%和25.91%（*P*<0.05）。表明耕层优化显著提高了25～45cm土壤酶活性。

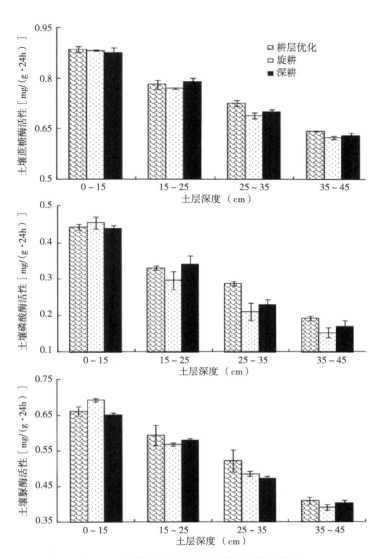

图3-7 不同耕作方式对土壤酶活性的影响

（二）耕层优化双行匀播对小麦产量及叶片光合特性的影响

1. 不同耕作方式对小麦产量的影响

不同耕作方式对小麦产量及其构成的影响不同。3种耕作方式相比较
（表3-1），小麦籽粒产量和生物量在MT处理下达到最大，其次是DT处理

下，而RT处理下小麦籽粒产量和地上部生物量最低。与DT和RT相比较，MT处理使小麦最终产量分别提高了8.11%和13.29%（$P<0.05$），地上部生物量分别提高了4.34%和6.06%（$P<0.05$）。最终小麦的收获指数在耕层优化技术下与DT与RT相比分别提高了1%和2%。3种耕作方式对小麦穗粒数无显著的影响，MT处理下小麦籽粒产量的提高主要是小麦公顷穗数和籽粒千粒重的提高。

表3-1 不同耕作方式对小麦产量及产量构成的影响

耕作方式	公顷穗数（10^4穗/hm^2）	穗粒数（粒）	千粒重（g）	实际产量（kg/hm^2）	生物量（kg/hm^2）	收获指数
MT	667.4 a	32.2 a	39.2 a	7 395 a	20 991 a	0.35 a
DT	648.4 b	31.6 a	38.5 b	6 840 b	20 118 b	0.34 b
RT	617.7 c	31.8 a	38.1 b	6 531 c	19 791 c	0.33 c

注：同一列不同字母表示品种内处理间在$P<0.05$水平差异显著，下同

2. 不同耕作方式对分蘖和叶面积指数动态变化的影响

不同耕作方式影响了小麦群体的茎蘖动态（图3-8）。在基本苗一致的情况下，MT处理较DT和RT显著提高了小麦的分蘖以及分蘖成穗能力，如较DT和RT小麦最大分蘖分别提高了1.27%和5.90%，有效分蘖分别提高了2.92%和8.03%，分蘖成穗率分别增加了0.80%和0.98%。

LAI在一定程度上反映了群体光合面积的大小。不同耕作方式下，小麦的叶面积指数在扬花期达到了最大，之后开始缓慢下降（图3-8）。不同耕作方式对拔节期以及孕穗期小麦LAI并无显著影响。但MT处理却增加了小麦拔节期以及灌浆期群体LAI，尤其是在灌浆后期，如30 DAA时，MT处理下小麦LAI较DT和RT高出1.51%和2.90%，表明耕层优化可以减缓小麦叶片的衰老，延长其功能期。

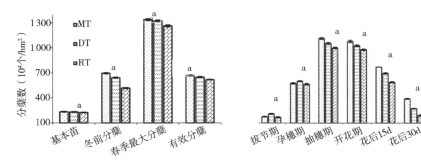

图3-8　不同耕作方式对小麦分蘖动态以及叶面积指数的影响

3. 不同耕作方式对小麦顶部展开叶净光合速率（Pn）和叶绿素含量的影响

小麦上部展开叶净光合速率以及叶绿素含量都在开花期达到最大，之后开始迅速下降（图3-9）。不同的耕作方式对于拔节期以及灌浆前期（15 DAA之前）顶部展开叶净光合速率和叶绿素含量并无显著影响，但是MT处理却增加了30 DAA的小麦旗叶净光合速率和叶片的叶绿素含量。在30 DAA，和DT和RT相比，MT处理使小麦旗叶光合速率分别提高了13.33%和25.08%。

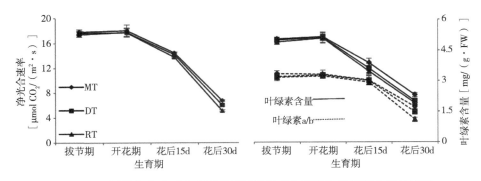

图3-9　不同耕作方式对小麦顶部展开叶净光合速率和叶绿素含量的影响

4. 不同耕作方式对小麦顶部展开叶蒸腾速率和水分利用效率的影响

由图3-10可知，拔节期和开花期小麦顶部展开叶蒸腾速率在MT处理下最小，其次是在DT和RT处理下。顶部展开叶蒸腾速率在15 DAA时在3种耕作方式之间没有显著差异，但是在30 DAA，蒸腾速率表现为，在MT处理下达到最大，其次在DT处理下，而在RT条件下最低。结果表明耕层优化双行匀播技术可降低小麦灌浆前期叶片的水分耗散，同时使小麦旗叶在灌浆后期保持较高的活性。

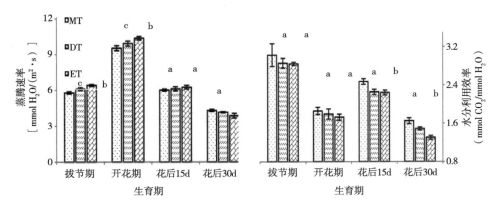

图3-10 不同耕作方式对小麦旗叶蒸腾速率和水分利用效率的影响

拔节期和开花期，小麦旗叶水分利用效率在RT、DT以及MT 3种耕作方式之间并无显著差异（图3-10）。而在15 DAA和30 DAA时旗叶水分利用效率在MT处理下显著高于DT和RT处理。RT处理下，小麦旗叶水分利用效率在15 DAA与DT处理无显著差异，但在30 DAA时显著低于DT处理。在30 DAA时，旗叶水分利用效率在MT处理下较DT和RT处理分别高出了14.12%和19.21%。

（三）栽培技术优化对冬小麦根系垂直分布及活性的调控

1. 不同处理对冬小麦产量的影响

3个处理对冬小麦产量及其构成的影响不同。两年度小麦籽粒产量和生物量均表现为SRT-SS-DF>PT-SF>RT-SF，处理间差异显著（表3-2）。与PT-SF和RT-SF相比较，2012—2013年SRT-SS-DF的籽粒产量分别提高8.11%和13.29%，地上部生物量提高了4.73%和7.41%；2013—2014年，SRT-SS-DF产量提高了3.96%和9.73%，地上部生物量提高了2.04%和7.11%。收获指数，SRT-SS-DF较PT-SF与RT-SF分别提高3.24%~5.40%。3个处理的穗粒数无显著差异，但SRT-SS-DF处理显著提高了小麦公顷穗数和千粒重（表3-2）。

表3-2 不同处理对小麦产量及产量构成因素的影响

处理	穗数 （10^4穗/hm²）	穗粒数 （粒）	千粒重 （g）	籽粒产量 （kg/hm²）	生物量 （kg/hm²）	收获指数
2012—2013年						
SRT-SS-DF	667.4 a	32.2 a	39.2 a	7 395 a	21 068 a	0.351 a
PT-SF	648.4 b	31.6 a	38.5 b	6 840 b	20 116 b	0.340 b
RT-SF	617.7 c	31.8 a	38.1 b	6 531 c	19 614 c	0.333 c
2013—2014年						
SRT-SS-DF	655.6 a	36.1 a	45.6 a	9 570 a	25 250 a	0.379 a
PT-SF	638.4 b	36.4 a	44.2 b	9 205 b	24 745 b	0.372 b
RT-SF	603.8 c	36.7 a	44.3 b	8 721 c	23 573 c	0.370 b
F值						
处理 2012—2013	9.21*	0.04	3.72	37.35**	85.85**	12.45*
处理 2013—2014	28.47**	0.02	11.81*	52.42**	12.56*	8.93*
年份	5.29*	9.03*	962.33**	944.17**	464.01**	428.98**
Y×T	0.04	0.04	1.12	0.70	0.99	2.78

注：性状数据为3个小区的平均值，数据后不同字母表示同一年度中不同处理间有显著差异（$P<0.05$）。F值后*和**分别表示在$P<0.05$和$P<0.01$水平显著。SRT-SS-DF：苗带旋耕—间隔深松—分层深施肥；PT-SF：深翻—基肥撒施；RT-SF：旋耕—基肥撒施；HI：收获指数

2. 不同处理对小麦根重密度垂直分布的影响

3个处理对不同土层根干重密度的影响年度间表现一致。拔节期和开花期各土层根干重密度分布特点相似，0～15cm、15～30cm和30～60cm土层表现为RT-SF>SRT-SS-DF>PT-SF（除15～30cm土层SRT-SS-DF与PT-SF无显著差异外），60～75cm土层SRT-SS-DF显著高于PT-SF和RT-SF，75～90cm土层处理间无显著差异。花后20d，0～15cm土层RT-SF和SRT-SS-DF无显著差异，均显著大于PT-SF处理，15～60cm土层表现为SRT-SS-DF>PT-SF>RT-SF，60～90cm土层，SRT-SS-DF显著高于PT-SF和RT-SF（表3-3）。表明SRT-SS-DF处理增加了深层根系根干重密度，尤其在15～30cm的施肥层。

表3-3　不同处理对冬小麦主要生育期根干重密度垂直分布的影响（×10⁴ g/cm³）

生育期	处理	土层深度（cm）					
		0～15	15～30	30～45	45～60	60～75	75～90
2012—2013年							
拔节期	SRT-SS-DF	5.22 b	1.32 a	0.95 a	0.54 a	0.29 a	0.12 a
	RT-SF	5.34 a	0.88 b	0.64 c	0.36 c	0.12 b	0.12 a
	PT-SF	4.83 c	1.16 a	0.75 b	0.45 b	0.18 b	0.10 a
开花期	SRT-SS-DF	8.67 b	2.39 a	1.08 a	0.77 a	0.45 a	0.20 a
	RT-SF	8.89 a	1.28 c	0.66 c	0.52 c	0.29 b	0.11 a
	PT-SF	7.95 c	1.85 b	0.79 b	0.63 b	0.36 ab	0.16 a
花后20d	SRT-SS-DF	6.96 a	2.79 a	1.28 a	0.96 a	0.77 a	0.28 a
	RT-SF	6.79 a	1.62 c	0.72 c	0.59 c	0.32 b	0.11 b
	PT-SF	6.34 b	2.45 b	0.83 b	0.65 b	0.44 b	0.17 b
2013—2014年							
拔节期	SRT-SS-DF	5.97 b	1.66 a	1.12 a	0.61 a	0.31 a	0.14 a
	RT-SF	6.18 a	1.07 b	0.72 c	0.33 c	0.12 b	0.15 a
	PT-SF	5.49 c	1.63 a	0.81 b	0.41 b	0.13 b	0.13 a
开花期	SRT-SS-DF	8.88 ab	3.27 a	1.59 a	0.82 a	0.48 a	0.21 a
	RT-SF	9.04 a	2.06 c	0.82 c	0.58 b	0.33 b	0.19 a
	PT-SF	8.59 b	2.64 b	0.97 b	0.79 a	0.42 a	0.18 a
花后20d	SRT-SS-DF	8.11 a	3.09 a	1.55 a	1.11 a	0.73 a	0.22 a
	RT-SF	8.09 a	1.62 c	0.88 c	0.64 c	0.35 b	0.16 b
	PT-SF	7.87 b	2.77 b	1.09 b	0.71 b	0.41 ab	0.16 b

　　注：数据为3个小区的平均值，数据后不同字母表示同一生育期处理间有显著差异（$P<0.05$）。缩写同表1

3. 不同处理对冬小麦根系根长密度垂直分布的影响

开花期各处理均以0～15cm土层的根长密度最大，随灌浆进程该土层的根系逐渐死亡，至花后20d已有明显降低；而15～90cm土层，根长密度随灌浆进程呈增长趋势，尤其是30～90cm土层SRT-SS-DF处理增长最多，从开花期至花后20d根长密度增加1.81cm/cm³，远大于PT-SF（1.69cm/cm³）和RT-SF（0.89cm/cm³）。开花期，30～75cm各土层的根长密度，SRT-SS-DF显著高于其他处理；至花后20d，30～60cm土层SRT-SS-DF的根长密度仍显著高于其他处理（表3-4）。说明SRT-SS-DF处理增加了深层土壤根长密度的分布，同时增加了生育后期较深土层根系的生长量。

表3-4　不同处理对冬小麦根长密度垂直分布的影响（cm/cm³）

生育期	处理	土层深度（cm）					
		0～15	15～30	30～45	45～60	60～75	75～90
2012—2013年							
拔节期	SRT-SS-DT	3.49 a	1.29 a	0.49 a	0.13 a	0.02 a	0.01 a
	RT-SF	3.45 a	1.03 b	0.22 c	0.05 c	0.02 a	0.01 a
	PT-SF	3.21 b	1.18 a	0.31 b	0.08 b	0.02 a	0.01 a
开花期	SRT-SS-DT	6.20 a	2.11 a	0.92 a	0.41 a	0.21 a	0.09 a
	RT-SF	6.18 a	1.32 b	0.34 c	0.20 c	0.14 b	0.03 b
	PT-SF	5.59 b	2.01 a	0.52 b	0.34 b	0.17 b	0.04 b
花后20d	SRT-SS-DT	4.78 a	2.85 a	1.92 a	0.84 a	0.39 a	0.13 a
	RT-SF	4.73 a	1.86 b	0.93 c	0.45 c	0.26 b	0.15 a
	PT-SF	4.29 b	2.74 a	1.12 b	0.72 b	0.32 ab	0.16 a

（续表）

生育期	处理	土层深度（cm）					
		0～15	15～30	30～45	45～60	60～75	75～90
2013—2014年							
拔节期	RT-SS-DT	4.22 b	1.89 a	0.55 a	0.21 a	0.03 a	0.11 a
	RT-SF	4.41 a	1.61 b	0.28 c	0.09 c	0.02 a	0.03 a
	PT-SF	4.07 c	1.87 a	0.42 b	0.13 b	0.02 a	0.04 a
开花期	RT-SS-DT	6.41 ab	2.39 a	1.09 a	0.45 a	0.19 a	0.07 a
	RT-SF	6.58 a	1.73 b	0.49 c	0.27 c	0.11 b	0.04 b
	PT-SF	6.16 b	2.22 a	0.67 b	0.36 b	0.17 a	0.04 b
花后20d	RT-SS-DT	5.33 a	2.59 a	2.11 a	0.95 a	0.36 a	0.18 a
	RT-SF	5.21 a	1.81 b	0.99 c	0.51 c	0.19 b	0.11 a
	PT-SF	5.09 b	2.44 a	1.76 b	0.79 b	0.21 b	0.17 a

注：数据为3个小区的平均值，数据后不同字母表示同一生育期处理间有显著差异（$P<0.05$）。缩写同表1

4. 不同处理对冬小麦根系表面积垂直分布的影响

整个生育期小麦根系总吸收面积和活跃吸收面积都随土层深度的增加而降低，不同处理对不同生育期的影响趋势一致。0～15cm土层，除活跃吸收面积在花后20d处理间无显著差异外，根系总吸收面积和活跃吸收面积在RT-SF处理下达最大，而PT-SF和SRT-SS-DF处理间无显著差异；15～90cm小麦根系总吸收面积和活跃吸收面积都表现为SRT-SS-DF>PT-SF>RT-SF，处理间达显著差异，尤其在15～45cm土层（图3-11）。30～45cm土层，SRT-SS-DF处理下小麦根系总吸收面积和活跃吸收面积在花后20d较PT-SF和

RT-SF处理分别高66.3%、56.5%和75.9%、59.8%。表明SRT-SS-DF处理可增加较深土层根的吸收面积，尤其在15~30cm的施肥层及邻近30~45cm土层。

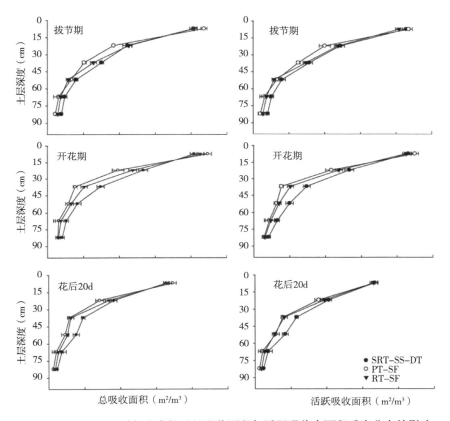

图3-11　不同处理对冬小麦根系总吸收面积与活跃吸收表面积垂直分布的影响
（2012—2013年）

5. 不同处理对冬小麦根系活力的影响

拔节期和开花期，0~15cm土层根系活力RT-SF处理最高，其次是PT-SF和SRT-SS-DF；而在15~45cm土层则为SRT-SS-DF>PT-SF>RT-SF，且处理间差异显著；45~90cm土层中，SRT-SS-DF处理根系活力显著高于PT-SF和RT-SF，PT-SF与RT-SF处理间无显著差异。花后20d，各土层根系活力较开花期显著下降，但SRT-SS-DF处理根系活力从开花期至花后20d下降幅度远小于PT-SF和RT-SF处理，例如在15~30cm土层，SRT-SS-DF小麦根系活力在生育后期（开花期至花后20d）降低速度较RT-SF和PT-SF分别减小28.5%和14.9%。最终0~15cm土层根系活力在3个处理间无显著差异，而15~90cm各土层的根系活性，SRT-SS-DF显著大于PT-SF和RT-SF处理，尤其是15~60cm土层（图3-12）。表明SRT-SS-DF处理不仅可以提高较深土层根系活力，同时延缓了根系活力的降低。

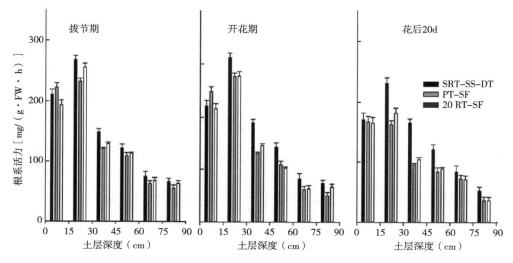

图3-12　不同处理对冬小麦根系活力垂直分布的影响（2012—2013年）

花后20d，随土层深度的增加小麦根系SOD酶活性逐渐提高（图3-13）。3个处理对0~15cm土层根系SOD活性无显著影响。与PT-SF和RT-SF相比，SRT-SS-DF显著提高了15~90cm土层根系SOD活性，15~30cm土层最为显著，较PT-SF和RT-SF分别提高20.6%和10.9%。花后20d，根系MDA含量均随土层深度的增加而下降（图3-13），0~15cm根系MDA含量在处理间无显著差异；除15~30cm RT-SF处理MDA含量显著高于PT-SF外，30~90cm根系MDA含量在RT-SF和SRT-SS-DF处理间无显著差异，而SRT-SS-DF处理15~90cm土层根系MDA含量显著低于RT-SF和PT-SF。表明在生育后期，SRT-SS-DF处理可以降低小麦深层土层根系膜透性，同时提高深层根系保持较高的抗氧化能力。

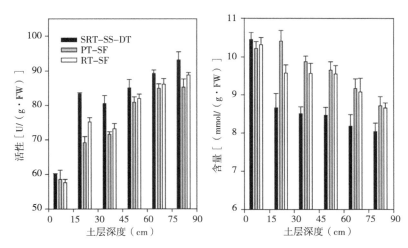

图3-13　不同处理对花后20d根系SOD活性和MDA含量的影响（2012—2013年）

6. 小麦产量与根系形态和生理特性的相关性

灌浆后期各土层根干重密度与小麦产量呈正相关（表3-5）。其中15～90cm土层根系干重密度与小麦产量极显著正相关。根干重比是指不同土层根干重与总根系干重的比值，用来表示根系在土层的垂直分布值，可以看出灌浆后期0～15cm土层根系干重比与最终产量极显著负相关，而30～45cm土层根干重所占比例与小麦产量显著正相关。0～15cm土层根系活力与最终产量无显著相关性，但15～90cm土层根系活力与小麦产量显著正相关，且随根层深度的增加，相关系数呈增加趋势，表明灌浆后期底层根系所占比例和根系活力显著影响着最终籽粒的形成，提高深层根系所占比率及其活性，有利于产量的提高。

表3-5　冬小麦花后20d不同土层根系特性与籽粒产量的相关性系数

根系特性	土层深度（cm）					
	0～15	15～30	30～45	45～60	60～75	75～90
根系干重密度	0.485	0.794*	0.881**	0.861**	0.823**	0.859**
根重占比	0.923**	0.661	0.816**	0.949**	0.951**	0.918**
根系活力	0.425	0.912**	0.912**	0.951**	0.969*	0.972***

注：*、**和***分别表示在0.05、0.01和0.001水平显著

99

（四）讨论和结论

耕作方式直接影响着土壤容重等土壤的理化性状，王育红等研究表明，深翻和深松可打破犁底层，降低土壤容重，增加耕作层厚度。本研究发现，连年的旋耕增加了15~25cm土层的容重，导致犁底层上移，耕层变浅。通过深耕可加厚耕层，但土壤容重仍在25~35cm土层迅速增大，形成较坚实的土层，不利于根系下扎和上下层土壤间肥水的交换。而耕层优化双行匀播耕作技术通过苗带旋耕打碎表层耕层土块，为小麦创造良好种床，同时振动深松，降低了25~45cm土层的容重，更大程度的疏松了土壤，增加通透性，有利于根系下扎，增加深层土壤的根系比例。

土壤含水量是影响小麦根系发育的重要因素之一。大量研究表明，免耕及作物残茬覆盖能够增加土壤含水量，提高水分利用效率。马月存等对农牧交错带水分动态研究发现深松处理在作物全生育期土壤水分含量均高于翻耕。本研究中，耕层优化双行匀播处理下土壤含水量在0~75cm土层都高于旋耕和深耕处理，且对0~55cm土层影响显著，表明耕层优化双行匀播技术有利于土壤保水保墒。耕作方式对下层土壤影响不显著，这可能是因为外界因素对深层土壤水分含量影响较小。李玲玲等指出，在小麦播种期，不同耕作措施对土壤含水量的影响主要集中在土壤表层，这与本研究结果一致。

土壤速效养分是植物生长必需的物质基础。朱文珊等人研究认为免耕提高了土壤潜在肥力和供肥水平。本研究中，0~15cm土层，旋耕和耕层优化双行匀播处理下的土壤速效碱解氮、速效磷、速效钾含量均明显高于深耕，可能是由于深耕对土壤的过分扰动，加速了土壤有机质的矿化分解。耕层优化双行匀播技术提高了土壤碱解氮、速效磷及速效钾含量，显著增加25~45cm土层的土壤速效养分量。这一现象在很大程度上可以归因为耕层优化技术在10~13cm和17~20cm处的基肥分层深施，同时，较高的土壤微生物量及土壤酶活性也使之具有较高的土壤速效养分水平。

土壤微生物是土壤生态系统的重要组分之一，土壤微生物碳氮量对不同耕作方式的响应极为敏感。Aslam等研究认为，免耕、少耕处理的0~10cm土层土壤微生物量（C、N、P）含量显著高于传统耕翻，这与本试验研究结果一致。本研究中，旋耕在土壤表层较深耕表现出更高的土壤酶活性。相较于旋耕与深耕，耕层优化双行匀播处理在25～45cm土层表现出更高的微生物量。可能是由于土壤容重的降低以及较高的土壤养分、水分含量为土壤微生物提供了良好的滋生环境，刘文娜等认为，土壤养分和微生物碳量之间存在相关性，土壤养分的高含量能够显著地增加土壤微生物数量。有研究认为，微生物量在一定范围内，随着含水量的增加，微生物的含量也有所增加，由于耕层优化处理的含水量明显高于深耕及旋耕处理，同时基肥深施为深层土壤补充有机质，提高土壤C/N比，土壤微生物C、N量也随之增加。

　　土壤酶活性是土壤质量水平土壤生物化学特性的一个重要指标。其中脲酶、磷酸酶和蔗糖酶活性在土壤C、P、K等元素转化过程中起到重要作用。许多研究表明，土壤酶活性在很大程度上影响土壤肥力水平的高低。土壤酶活性的强弱通常受制于土壤结构、土壤微生物含量等因素。有研究认为，保护性耕作可以提高土壤酶活性，但处理间无显著差异。本研究中，旋耕处理下表层土壤酶活性较高，但15cm以下土层土壤酶活性均低于深耕及耕层优化双行匀播处理，这主要是由于旋耕处理与深耕及耕层优化双行匀播处理相比，土壤表层水肥条件较好，利于微生物的生长和繁殖，因而使表层的土壤酶活性较高。而传统深耕虽改善土壤通气状况的同时也加大了土壤水分的散失，不利于土壤酶活性的提高。与旋耕及深耕相比，耕层优化处理显著提高了25～45cm土层的土壤酶活性，这与土壤C、N含量表现为一致的趋势。

　　耕作方式可以通过影响土壤的物理性状进而影响作物的生长发育及产量。本研究中，相对于旋耕和深耕，耕层优化双行匀播技术，振动深松打破犁地层、肥料分层深施、双行匀播、播后镇压同时完成，促进了肥水向深层扩散，有利于根系下扎，同时确保了苗齐苗壮；播后镇压作业起到了保墒和提高麦苗质量的作用。研究结果表明，耕层优化双行匀播技术较旋耕或深耕提高了小麦的分蘖能力以及分蘖成穗率，提高了小麦的地上部生物量，以及光合产物向籽粒的转化效率（较高的HI值），从而增加了小麦籽粒灌浆的物质供应，有利于产量的获得。

　　小麦产量的主要来源是光合产物，尤其在生育后期，籽粒的80%以上来自光合产物。所以灌浆期群体的光合速率（CAP）影响着小麦最终产量。而群体光合面积和平均单叶净光合速率（Pn）决定着CAP的大小，光合面积一般用叶面积指数（LAI）描述。研究表明免耕、少耕、深松等保护性耕作方式可以改善旗叶光合特性，提高叶片的光合能力。本研究结果表明，不同的耕作方式对灌浆前期小麦旗叶光合作用并无显著影响，但是生育后期旗叶净光合速率和群体LAI值在耕层优化双行匀播技术下显著高于旋耕和深耕处理。说明耕层优化双行匀播技术下，小麦仍有较高的光合能力和较大光合面积，叶片功能期延长，这有利于小麦籽粒灌浆。

叶片对光能的捕获以及利用效率受叶绿体内光合色素含量的影响。而耕作方式不同对小麦旗叶的叶绿素降解速度影响不同。本研究表明，与深耕和旋耕相比，耕层优化双行匀播可延缓旗叶叶绿素的降解，减缓了叶片的衰老，这与生育后期旗叶单叶净光合速率值表现为一样的趋势。作为光合作用的中心色素分子，叶绿素相对含量的增加，有利于光能向化学能的转化和光合效率的提高。本研究中，在灌浆后期，耕层优化双行匀播处理下小麦旗叶叶绿素a/b的含量显著大于传统的旋耕和深耕，这说明耕层优化双行匀播耕作技术延缓了小麦生育后期叶绿素的降解，使叶片中仍能保持较多光合单位，有利于光能的利用。

叶片水分利用效率反映了小麦内部生理功能与外界水分条件的配合程度。耕作方式对小麦的叶片水分利用效率具有显著的调控作用。本研究中，与旋耕和深耕相比，耕层优化双行匀播耕作技术可降低小麦生育前期（15 DAA之前）的叶片蒸腾速率，却可显著增加灌浆后期（30 DAA）小麦旗叶蒸腾速率，可能因为此时叶片仍有较高光合能力造成的。和深耕、旋耕相比，耕层优化双行匀播技术提高了整个灌浆期的叶片水分利用效率，表明耕层优化双行匀播技术有利于小麦在灌浆期保持较高的叶片水分利用效率，有利于籽粒产量和水分利用效率的提高。

作物产量综合反映了一个系统管理水平与土壤生产力，也是农业持续发展的重要评价指标。栽培措施可以通过对农业生态系统水、肥、土壤结构等环境因子的调控来影响作物的生长发育及产量。将苗带旋耕、间断深松和肥料分层深施的优点集成和优化，可显著改善土壤的理化性质，延缓生育后期小麦功能叶的衰老，使其维持较高的光合功能，保证籽粒灌浆的物质供应。与前期研究结果一致，本研究中苗带旋耕–间断深松–分层施肥技术（SRT-SS-DF）较旋耕–基肥撒施（RT-SF）或深翻–基肥撒施（PT-SF）提高了小麦的地上部生物量和籽粒产量。研究表明，灌浆期小麦根系活性与叶片光合速率显著正相关，所以，SRT-SS-DF对地上部生产力的促进作用必然与该技术对地下部根系分布及活性的改变密切相关。

土壤的物理性状如土壤通气性、机械强度和土壤肥力等直接影响作物根系生长和分布。而栽培技术通过农机具的机械作用，调节土壤环境，进而影响土层中根的分布。本研究中旋耕处理后，小麦根系主要集中在0~15cm土层，这主要由于该技术处理后15~25cm土层土壤容重迅速升高，形成犁底层，犁底层的存在不利于根系穿过下扎；深翻作业可增加耕作层的厚度，0~25cm土壤容重保持相对较低水平，这使得15~30cm土层根系分布数量和重量较RT-SF都有所增加，但长期深翻仍使得25~35cm土层土壤容重增加，形成较紧实的土层，导致30cm以下土层根系分布较少。小麦苗带旋耕–间断深松–分层施肥技术不深翻耕，土层结构没有受到扰动，但却通过振动深松打破了犁底层，使0~45cm土层土壤容重保持较低水平，有利于根系向下生长，最终30cm以下土层根长密度和根干重密度均大于深翻和旋耕，尤其是在灌浆后期，提高了根系可利用资源的范围。

施肥可以改善土壤肥力，对植物根系的分布和活性起直接调控作用。研究表明施肥层位不同，会引起小麦根系相应的变化。上层施肥使得根系接触肥料早，有利于根系健壮生长。而肥料深施可增加深层根重密度和根长密度分布，提高根系活力，尤其在施肥土层中。小麦苗带旋耕–间断深松–分层施肥技术将肥料等比分层施于10~13cm和17~20cm土层，使20~40cm土层碱解氮、速效磷、速效钾含量显著高于旋耕–基肥撒施和深翻–基肥撒施处理。本研究中SRT-SS-DF处理使得15cm以下土层根系分布量和活性显著增加，尤其是在15~45cm土层，这与该层土壤肥力增高表现一致，表明底肥的分层深施，使得根系在养分充足的区域富集，活跃生长。这也是小麦苗带旋耕–间断深松-分层施肥技术促使小麦根系在下层土壤中分布的重要原因。

　　作物对土壤资源的吸收利用不仅取决于根系在土层中的分布量，更由单位土体内根系的吸收面积及其活性决定。研究表明，打破犁底层可以扩大小麦根系吸收面积、提高根系活性，延缓小麦根系的衰老；而肥料深施可以提高深层根系活性及根系的吸收总面积和活跃吸收面积，延缓根系衰老，提高小麦产量。在本研究中，3种栽培技术对表层（0~15cm）根系总吸收面积和活跃吸收面积的影响不显著，但苗带旋耕-间断深松-分层施肥处理显著增加15cm以下小麦根系总吸收面积和活跃吸收面积，尤其是在30~45cm土层。和深翻和旋耕之后肥料撒施相比，苗带旋耕-间断深松-分层施肥技术在花后20d深层土壤的根系总吸收面积和活跃吸收面积仍保持较高水平。研究表明，开花后冬小麦上层土壤中根系开始衰老，但深层根仍然增加，所以花后深层土壤中根系的分布数量和质量对于小麦的生长发育更为重要。苗带旋耕-间断深松-分层施肥处理开花期0~30cm土层根系活力保持较高水平，同时提高了深层土层（开花期30~60cm，花后20d 0~75cm）根系活力，减缓了从开花期到花后20d根系活力的降低速率，表明苗带旋耕-间断深松-分层施肥技术可以提高灌浆期深层土壤根系吸收面积和根系活力，延缓生育后期根系吸收面积、活跃吸收面积和根系活力的降低，使小麦深层根系在生育后期仍保持较高根系活性，这使冬小麦生育后期根系对养分、水分的吸收能力保持较高水平，对小麦高产稳产具有重要意义。

　　植物体内产生的活性氧或其他过氧化物自由基会造成植物细胞的过氧化毒害及损伤，导致作物衰老，最终使作物产量下降。与姜东等报道的结果一致，本研究也发现花后20d，随土层深度增加根系SOD酶活性提高，说明小麦根系的衰老进程是由表层开始。而相对于深翻-基肥撒施及旋耕-基肥撒施处理，花后20d苗带旋耕-间断深松-分层施肥处理的根系SOD酶活性显著提高，MDA含量则明显降低，苗带旋耕-间断深松-分层施肥技术增强了小麦生长后期根系清除活性氧的能力，尤其是较深土层根系，这使小麦在籽粒灌浆后期能保持较高根系活性和较强的吸收代谢能力。

四、耕层优化栽培技术推广应用及经济效益

以研究成功的小麦免耕播种机为载体，集成了"两深一浅"简化高效栽培技术，先后在济南、德州、潍坊、济宁、菏泽、聊城、东营和泰安等地进行大面积示范推广，有效解决了当前旋耕播种小麦基肥撒施利用率不高的问题，避免了深播苗、悬空苗、疙瘩苗和缺苗断垄现象，同时也解决了中后期小麦倒伏和早衰的问题。在减少氮肥投入的情况下实现了小麦增产。

该技术在旋耕带播种作业，免耕带不进行机械作业，玉米秸秆仍覆盖于地表，减少了机械作业动力消耗，同时也因行间秸秆覆盖减少了土壤水分蒸发，比旋耕播种和耕地播种少浇一遍水。利用专用机械就可一次性完成整地、施肥、播种和镇压等多个环节复式作业，减少了机械作业次数和对土壤的碾压，提高了作业质量和效率，同时也降低了机械作业成本。在生产实践中，该技术表现出了节水、省肥、省种、省工和高产的特点，比传统技术，生产成本降低80～100元/亩（表3-6）。

表3-6　不同种植方式小麦生产成本比较（单位：元/亩）

技术名称	秸秆还田	翻耕	旋耕	种子	播种	基肥	灌溉	追肥	病虫草害防治	合计
两深一浅	30	0	0	40	70	100	70	40	40	390
旋耕播种	30	0	70	40	25	120	105	40	40	470
耕地播种	30	40	50	40	25	120	105	40	40	490

注：旋耕播种中旋耕2次，每次按35元/亩计算，耕地播种中旋耕整地2次，每次按25元/亩计算

2011—2018年小麦生产季，在山东省内多个县、市开展技术示范（图3-14），通过专家现场验收，"两深一浅"耕层优化简化栽培技术与宽幅精播对照相比，该技术机械作业成本可降低20%～30%，同时增产3%～10%（平均增幅为7%左右），水分利用效率提高10%～15%。2015年6月11日，该技术小麦高产示范田经省内有关专家实打亩产778.3kg，创造聊城市小麦高产纪录；诸城市示范田旱地小麦实打亩产524.3kg，比当地传统栽培高120kg左右。该技

术既能在高产田发挥小麦产量潜力，也适用于中低产田小麦生产，均有显著的经济效益、生态效益和社会效益。

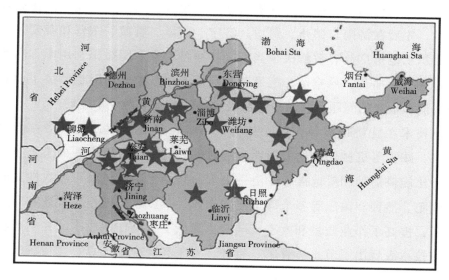

图3-14　小麦耕层优化双行匀播技术示范点

自2013年起，为适应构建新型农业经营体系的要求，与种粮大户或合作社合作，建立千亩示范田，开展技术示范取得显著的节本增收效果，2013—2014年度，在章丘龙山镇组织全省部分种粮大户进行小麦"两深一浅"栽培技术现场观摩，取得良好的示范效果。2014—2015年度，在推广面积扩大的同时，示范面积进一步扩大，同时在东营垦利和河口、滨州沾化、临沂兰陵、潍坊诸城、菏泽东明建设了6处千亩示范方和1处万亩示范方（图3-15）。技术示范田小麦长势良好，个体健壮、群体分布均匀合理，得到种植户的认可。2013年，该技术被陕西省咸阳市引用，取得良好的示范效果，获得农机人员和用户的良好评价，并于2014年大批购置该配套机械进行扩大推广。小麦"两深一浅"技术经国家广播总局批准，被录制成《小麦耕层优化双行匀播技术》农业科教宣传片，于2014年1月在全国公映。2016年被列为山东省农业主推技术。近年来，两深一浅简化栽培技术也被各地种植业合作社、种田大户所应用，取得了良好的增产增效效果，被各大媒体、网站广泛报道。

图3-15　"两深一浅"简化栽培技术示范与推广

第二节　小麦垄作轻简化栽培技术

一、小麦垄作高效栽培技术

20世纪80年代第一次绿色革命的发祥地墨西哥Sonaro州的农民为了克服传统平作大水漫灌浪费水资源、小麦倒伏严重及过度依赖化学除草剂造成农业化学污染等问题，发明了小麦垄作栽培技术。由于该技术具有节水节肥，降低生产成本，便于管理等明显优点，很快在墨西哥的小麦主产区推广开来，该技术在墨西哥小麦主产区的覆盖面已达90%以上。小麦垄作栽培技术由于可节水30%～40%，增产10%～15%，可称为第二次绿色革命。

该项技术因其具有的优点，非常符合我国现阶段小麦生产的需要。为使该技术能尽快服务于我国的小麦生产，1998年山东省农业科学院与国际玉米小麦改良中心合作首次将该技术引入山东省，进行合作研究和示范推广。几年来先后在济南、青州、长清、诸城、寿光、乳山等地进行试验示范，取得了成功，节本增效效果明显。

二、推广小麦垄作高效栽培技术的意义

目前，我国的农业生产面临着水资源短缺的困难，用水紧张的局面随着人口的增多和工农业的发展日益加剧。我国的人均水资源已从1949年的4 800m³降到现今的2 300m³，仅为世界平均水平的1/4，居世界第109位，已被列入世界上13个贫水国家的名单。更为糟糕的是我国水资源时空分布极不平衡，81%的水资源集中在仅占全国耕地36%的南方地区，而占总耕地面积64%的北方地区只有19%的水资源。其中山东、河北、河南和陕西等北方16个省人均水资源不足500m³，农业灌溉用水严重不足，处于联合国划定的水危机地区。山东省的水资源总量仅占全国的1.2%，养育着全国7.2%的人口，承担着全国粮食总产量的8.24%。全省人均占有水资源354m³，仅为全国平均水平的14.3%，世界水平的3.5%，列全国各省（自治区、直辖市）倒数第三位。

而就山东省而言，现有灌溉面积7 000万亩，相应的农田灌溉用水为160亿～200亿m³，占全省耗水量的70%～80%。由于传统的灌溉方式落后，农业用水浪费惊人，节水增效潜力巨大。首先，由于渠道渗漏等原因，农田灌溉用水的有效利用系数仅为0.5左右，约50%的水资源白白浪费掉。而发达国家农田灌溉水的有效利用系数可达0.7～0.8，如果将山东省农田灌溉水的有效利

用系数提高到0.7，则年可节水40亿～50亿m³；其次，由于大水漫灌等原因，山东省灌溉水的生产效率目前仅有1kg/m³，而发达国家可达2～2.3kg/m³。如果将我省的灌溉水生产效率提高到2kg/m³，则年可节水80亿～100亿m³，两者相加，可年节水120亿～150亿m³。

山东省农业科学院作物研究所通过多年的试验表明，采用小麦垄作栽培技术，可比平作栽培方式节约灌溉用水30%左右，不同品种的水分利用效率较平作提高20%左右。小麦垄作栽培大大提高了灌溉水的有效利用率，有效抑制了浇水后的土壤板结，改善了小麦群体的通风透光状况，同时也降低了田间湿度，减轻了小麦病虫为害，改撒施为沟内条施提高了肥料利用效率，在减少投入的前提下，小麦产量不但没有下降，相反还能增产10%左右，节本增效效果相当明显。

三、小麦垄作高效栽培技术节本增效优势明显

传统的平作栽培方式，在生产中存在诸多弊端，对比垄作栽培方式主要表现在以下几点。

第一，传统平作小麦的浇水为大水漫灌，这种灌溉方式费工、费时，劳动强度大；一次灌水耗水40～50m³，用水量大，灌溉水的利用率仅为30%；不仅造成土壤板结，而且随着浇水次数的增加，根际土壤变得越来越黏重，不利于小麦的健康生长。

第二，传统平作小麦的追肥为撒施或机械条施，施肥深度浅，肥料利用率低，当季氮肥利用率仅为20%～30%。

第三，传统平作小麦多为等行距种植，冠层内通风透光不良，田间湿度大，不仅小麦白粉病、小麦纹枯病等常发性病害发病程度高，而且小麦基部节间细长，抗倒伏能力差，随着小麦生产水平的不断提高，传统平作小麦高产与倒伏的矛盾日益突出。

第四，小麦为分蘖成穗作物，边行优势明显，等行距种植的传统平作小麦不利于充分发挥其边行优势。不仅如此，黄淮地区多为小麦-玉米一年两

熟，传统平作小麦对套种玉米的影响较大，如套种过早，因玉米的生长条件较差，易形成老弱苗，如套种过晚，则不利于充分利用光热资源，难以实现高产。

而采用垄作栽培方式，其优点主要表现在如下方面。

第一，垄作小麦的灌水方式为沟内灌溉，即改传统平作的大水漫灌为垄作的小水沟内渗灌，不仅消除了大水漫灌造成的土壤板结及随灌水次数的增加土壤变黏重的现象，为小麦的健壮生长创造了有利的条件，而且，一次灌水用水量仅为30m³左右，节水30%~40%。

第二，垄作小麦的追肥为沟内集中条施，可人工进行，也可机械进行。若人工进行，则每人每天可追肥50亩，大大提高了劳动效率；不仅如此，化肥集中施于沟底，相对增加了施肥深度（因垄体高17~20cm，而肥料施于沟底，相当于17~20cm的施肥深度），当季肥料利用率可达40%~50%。

第三，垄作小麦的种植方式为起垄种植（图3-16），即改传统平作的土壤表面为波浪形，增加土壤表面积33%，因而光的截获量也相应增加，显著改善了小麦冠层内的通风透光条件，透光率增加10%~15%，田间湿度降低10%~20%，小麦白粉病和小麦纹枯病的发病率下降40%；小麦基部节间的长度缩短3~5cm，小麦株高降低5~7cm，显著提高了小麦的抗倒伏能力。

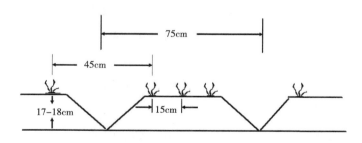

图3-16　垄作田间种植示意图

第四，垄作栽培改变了传统平作小麦的田间配置状况，改等行距为大小行种植，有利于充分发挥小麦的边行优势，千粒重增加5%左右，增产10%~15%。2003年6月由山东省农业厅种子管理总站和农技推广总站、潍坊市农业技术推广中心、青州市农业技术推广中心、滨州市农业技术推广中心及邹平农业技术推广部门的专家组成的测产验收专家组对青州和邹平两处垄作示范田进行了现场测产验收。测产结果表明，在青州100亩垄作小麦（济麦20）亩产610.5kg，比平作增产13.6%，在邹平300亩垄作小麦（济麦20）亩产483.6kg，比平作增产12.6%。

第五，小麦垄作栽培为玉米的套种创造了有利的条件，小麦种植于垄上，玉米套种于垄底，既便于田间作业，又改善了玉米的生长条件，有利于提高单位面积的全年粮食产量。

四、小麦垄作节水、省肥技术要点

第一，小麦垄作栽培技术适宜于水浇地小麦生产，特别是耕层较厚，土壤肥力较高，保水保肥能力较强的高产麦田。这种麦田在传统平作条件下，往往群体偏大，田间通风透光条件较差，湿度较高，不仅病害严重，而且容易倒伏减产。而采用小麦垄作栽培技术则可以很好地解决上述问题。

第二，平衡施肥，施好基肥。水浇地高产麦田一般土壤有机质较丰富，土壤含氮量较高，为了提高肥料的利用率，一定要按照小麦的需肥规律和培肥地力的实际需要进行平衡施肥。一般而言，小麦返青前因气温较低，生长量较小，因而需肥量仅占全生育期的不足20%；而返青后，随着气温的升高，生长量迅速增加，需肥量也相应增加。所以，基肥的施用应以农家肥为主，化肥为辅。一般亩施农家肥3 000kg左右，磷酸二铵20～25kg，硫酸钾5～7kg，尿素5kg为宜。

第三，精细整地。为消除犁底层对小麦生产的不良影响，麦田土壤应深耕25～30cm，以打破犁底层，促进小麦根系下扎，扩大根系吸收范围，为高产打下坚实的基础。耕后要及时耙平，消灭明暗坷垃，以便于起垄。

第四，合理确定垄幅。为充分发挥垄作栽培的增产效应，科学确定垄幅非常重要。垄幅的确定一般应遵循下列原则：①要保证种植于垄顶的小麦在苗期能安全吸水，故渗水性好的黏土垄幅可适当宽一些，渗水性差的沙性土垄幅可适当窄一些。②土壤肥力较高的高产田可适当宽一些，土壤肥力稍低的中产田可适当窄一些。③株型紧凑的小麦品种可适当窄一些，株型松散的品种可适当宽一些。一般垄幅以70~90cm为宜。垄上种3行小麦，垄顶小麦的行距15~18cm，垄间行距40~45cm，这种配置方式有利于充分发挥小麦的边行优势。

第五，机械播种，足墒播种，提高播种质量。为保证垄作小麦的播种质量，建议用山东省农业科学院和有关厂家合作生产的2BFL-3小麦垄作播种机播种。该播种机可起垄、播种、施种肥一次完成，充分保证播种质量。为保证小麦的出苗，一定要足墒播种，墒情不足时，可播种后顺沟浇水，以利于新出苗全、齐、匀、壮。

第六，合理选择品种，充分发挥垄作栽培的增产潜力。在目前的生产水平条件下，分蘖成穗率较高的多穗型品种产量较为稳定，实现高产的几率较高；而分蘖成穗率较低的大穗型品种更容易受气候条件的影响而出现较大产量的波动，实现高产的几率较低。由于垄作栽培改善了小麦的田间小气候条件，可使小麦的株高降低，提高其抗倒伏能力，故选用分蘖成穗率较高的多穗型品种或大穗型品种更容易充分发挥品种的遗传潜力，实现高产稳产。

第七，确定适宜的播期和播量、掌握合适的播种深度。胶东地区的适播期为9月25至10月5号，鲁中地区和鲁北地区的适播期为10月1—10号，鲁南及鲁西南地区的适播期为10月5—15号。播种深度以3~5cm为宜。

第八，加强冬前及春季肥水管理。若播种时土壤墒情较差，小麦出苗困难，可于播种后及时浇水，以保证苗全。一般年份要在立冬至小雪期间，当日平均气温降至3~5℃时浇好越冬水。小麦起身拔节期，结合浇水，亩追尿素15~20kg，可将肥料集中条施于垄底，然后沿垄沟浇水。切忌将肥料直接撒在垄顶，否则不仅会造成肥料的浪费，严重的还会造成烧苗现象。小麦抽穗至成熟期是籽粒产量形成的关键时期，应根据实际情况加强肥水管理，脱肥地块可结合浇抽穗扬花水亩追尿素5kg左右。有利于延缓植株衰老，提高籽粒灌浆强度，增加产量。同时，为玉米套种提供良好的土壤墒情和肥力基础。

第九，及时防治病、虫、草害。小麦垄作栽培技术由于改善了麦田的通风透光条件，降低了田间湿度，使小麦常见病害的发病程度大大降低，因而，减少了化学农药的使用量，有利于降低生产成本和环保。不仅如此，垄作栽培改变了小麦的田间配置状况，便于田间杂草的人工或机械防除，减少了对化学除草剂的过度依赖，有利于食品安全。

第十，适时收获，秸秆还田。垄作小麦的收获同样可用联合收割机进行，为了保护套种玉米的幼苗，收割机可在垄顶上行走。由于垄作栽培将土壤表面由平面形变为波浪形，粉碎的作物秸秆大多积累在垄沟底部，有利于保墒和抑制杂草。

五、小麦垄作高效栽培技术的应用前景

截至目前，小麦垄作高效节水技术已在山东省的青州、邹平、莱州、济南、寿光、泰安、聊城等20多个县（市、区）试点推广，并辐射到河南、宁夏、辽宁等省（自治区），取得了良好的社会效益和生态效益。

小麦垄作高效栽培技术以其节水、节肥、降低病虫害、增产、低耗的良好效益得到了当地农民的首肯，并引起了有关领导和业务主管部门的高度重视以及媒体的广泛关注。中央电视台"新闻联播""经济半小时""科技苑"等栏目、山东卫视"科教之窗"和"乡村季风"栏目以及许多地市电视台均对这一技术进行了报道。《科技日报》《农民日报》《大众日报》《山东科技报》《农村大众》以及"中国农业信息网"等媒体也进行了广泛的宣传报道。为了加速小麦垄作栽培技术的推广，山东省农业科学院作物所与有关农业机械厂家合作，共同研制成功了小麦垄作播种机，该机械可用12～15马力的拖拉机牵引，起垄、播种、施种肥一次完成，为小麦垄作栽培技术的大面积推广创造了条件。

小麦垄作高效栽培技术属于农业综合节水技术，除具有增产、便于管理、降低成本等特点外，还有节水、节肥以及减少农业化学污染的优点，2004年被农业部列为重点推广的小麦高效栽培技术。该项技术的对于合理利用自然资源、改善农业生态环境和生态效益以及农业的可持续发展，必将产生重要影响。

第三节　小麦精播、半精播技术

　　传统小麦栽培技术主要是通过改变生产条件，增加投入，如改良土壤，发展灌溉，增施肥料，加大播种量等，小麦单产即可迅速提高，实现亩产300kg左右，或更高些。如果通过此途径欲进一步提高产量，每亩基本苗达到20多万株以上，结果导致群体过大，田间光照不足，个体植株生育弱，易倒伏，穗头变小，千粒重降低而减产。导致小麦倒伏、穗头变小的主要原因是由于播量过大，群体过大，群体内光照不足，引起碳氮营养失调，表现为氮素营养过剩，而碳素营养不足。

　　传统的栽培（大水、大肥、大播量）条件下，高产与倒伏的矛盾日益突出，不仅影响了小麦单产的进一步提高，而且使小麦生产的效益严重下滑。为了解决中、高产条件下高产与倒伏的矛盾，促进小麦单产的进一步提高，山东农业大学研究出小麦精播、半精播栽培技术。小麦精播、半精播高产栽培技术是一套小麦产量高、经济效益好、生态效益优的高效低耗栽培技术。该项技术适宜于土肥水条件较好的地块，通过减少基本苗数，依靠分蘖成穗等一套综合技术，较好地处理了群体和个体的矛盾，使麦田建立合理的群体动态结构，改善群体内的光照条件，促进个体生长健壮，根系发达，提高分蘖成穗率，单株成穗多，每一单茎的光合同化量高，穗部对养分的要求能力强，从而保证穗大、粒多和粒饱。

一、小麦精播、半精播栽培的生物学基础

　　第一，减少基本苗、培育壮苗、提高麦苗素质。传统栽培条件下亩基本苗一般为20万~30万株。苗量过大，麦苗相互争水、争肥、争光严重，麦苗素质较差。小麦精播、半精播栽培亩基本苗5万~12万株，单株麦苗的营养条件和安全生存空间都大大改善，有利于培育壮苗，从而为高产打下基础。

　　第二，依靠分蘖成穗，增加多穗株在群体中的比重。研究表明，以多穗

株（分蘖穗）为主构成的群体穗大高产，而以一穗株（主茎穗）为主构成的群体产量较低。精播、半精播栽培的麦田基本苗少，单株成穗较多，以多穗株为主，产量较高。

第三，单株成穗多，穗大粒多，千粒重高。研究表明，在一定范围内，单株成穗多，穗大粒多，千粒重高。单株的成穗数与平均穗粒数，千粒重之间有显著的正相关关系。精播、半精播栽培的小麦植株健壮，不仅单株成穗多，而且穗大，平均穗粒数也多，其平均千粒重也较高。

二、小麦精播、半精播栽培的优点

第一，改善了田间的通风透光条件。小麦精播、半精播栽培大大降低了单位面积基本苗的数量，改善了田间的通风透光条件，降低了田间湿度，不仅有利于抑制小麦常见病害（小麦白粉病、小麦纹枯病等）的发生，而且显著提高了小麦的抗倒伏能力。

第二，改善了群体的光合性能，有利于干物质的积累与分配。小麦精播、半精播栽培，由于改善了田间的通风透光条件，从而不仅显著提高了生育后期群体的光合强度，而且促进了光合产物向穗部的运输，有利于提高经济系数和籽粒产量。

第三，增强了根系的吸收能力，提高了水、肥生产效率。精播、半精播小麦单株具有较多的次生根，根系发达，根系的营养范围广，根系活力强，因而对肥、水的吸收能力强；加之精播、半精播小麦具有较高的经济系数，因而水、肥生产效率较高。

三、小麦精播、半精播栽培技术要点

第一，培肥地力推广小麦精播、半精播技术必须以较高的土壤肥力和良好的土、肥、水条件为基础。生产实践证明，在传统栽培条件下亩产350kg左右的高产田采用小麦精播高产栽培技术有望使产量提高到500kg。

第二，选用良种。由于小麦精播、半精播栽培很好地解决了小麦高产与倒伏的矛盾，可以充分发挥小麦的单株生产潜力。选用分蘖力强，分蘖成穗率高，单株生产力高，秸秆矮或中等高度，抗倒伏能力好，株型紧凑，叶片与茎秆角度较小，光合能力强，经济系数高，抗病抗逆性强，落黄好的品种。山东省推广的小麦高产良种，如济麦22、鲁研502、泰农18等均适宜小麦精播、半精播栽培，亩产量可达500kg以上。

第三，培育壮苗。施足基肥，精细整地，打好播种基础，基肥应以农家肥为主，化肥为辅，氮、磷、钾配合，以满足小麦各生育时期对养分的需要。一般情况下，亩施优质农家肥4 000～5 000kg，硫酸铵25kg和过磷酸钙25～50kg作底肥。磷肥容易被土壤固定而难以被植物利用，因此，可采用隔年施用或每年只施用少量磷肥作底肥，以维持土壤速效磷供给水平，最大限度提高经济效益。在土壤缺磷，没有施底磷肥或施磷肥不足的情况下，应尽早追施磷肥，最好在冬前追施，或返青期追施，并以氮、磷混合追施，氮磷比例以（1∶1）～（1∶1.5）为宜。要精细整地，打破犁底层，加深活土层，提高整地质量，打好播种基础。

坚持足墒播种，提高播种质量坚持适时、足墒播种，选用粒大饱满、生活力强、发芽率高的种子作种。实行机械播种，根据地力合理确定播种量，掌握适宜的播种深度，一般播深3～5cm，行距26cm等行距或23～30cm大小行距播种，提高播种质量。播种量的确定是以保证实现一定数量的基本苗数、冬前分蘖数、年后最大分蘖数以及亩穗数为原则。精播的播种量要求实现的每亩基本苗数为6万～12万株。

第四，促控结合调控群体，建立合理的群体结构减少基本苗，确定合理的群体起点。精播栽培的亩基本苗以6万株左右为宜；半精播栽培的亩基本苗以9万株左右为宜。合理的群体结构动态指标为：冬前总茎蘖数50万～60万茎，年后总茎蘖数60万～70万茎，成穗数40万～43万穗，多穗型品种可达50万穗。叶面积系数冬前1左右，起身期2.5～3，挑旗期6～7，开花、灌浆期4～5。为创建合理的群体结构，应做到如下几点。

（1）播后及时查苗、补苗。基本苗较多、播种质量差的，麦苗分布不均匀，疙瘩苗较多，必须十分重视在植株开始分蘖前后，进行间苗、疏苗、匀苗，以培育壮苗。

（2）控制多余分蘖。为了调节群体，防止群体过大，必须控制多余的有效分蘖和无效分蘖，促进个体健壮，根系发达。精播麦田，当冬前每亩总分蘖数达到预期指标后，即可进行深耘锄。方法：用三齿耘锄，摘取两边齿，中间一齿可换成较小的铲头，于麦行中间深耘，依据群体大小和麦苗长相长势，可采用每行深耘或各行深耘，耘的深度在10cm左右，不得太浅，太浅了易翻苗严重。耘后搂平、压实或浇水，防止透风冻害。返青后，如群体过大，冬前没有进行过深耘锄的，亦可进行深耘锄，以控制过多的分蘖增生，促进个体健壮。深耘锄对植株根系有断老根、喷新根、深扎根，促进根系发育的作用，对植株地上部有先控后促的作用。控制新生分蘖形成和中小分蘖的生长，促使早日衰亡，可以防止群体过大，改善群体内光照条件，有利于大蘖生长发育，提高成穗率，促进穗大粒多，从而显著增产。

（3）重视起身或拔节肥水。精播麦田，一般冬前、返青不追肥，而重视起身追拔节肥。麦田群体适中追拔节肥水；群体偏大，重施拔节肥水。追肥以氮肥为主，亩施氮素化肥25kg左右，开沟追施。如有缺磷钾的，也要配合追施磷钾肥。这次肥水，能促进分蘖成穗，促进穗大粒多，是一次关键的肥水。

（4）早春返青期间主要是划锄、松土、保墒、提高地温，不浇返青水，在追施起身肥之后浇水，重视挑旗水，浇好扬花水、灌浆水，特别对于挑旗水，必须浇足浇好，使得土壤深层有一定的蓄水量，对后期籽粒灌浆有着重要的作用。

第五，预防和消灭病虫及杂草为害。

第四节　配套技术

一、小麦氮肥后移技术

在小麦高产栽培中氮肥的运筹一般分为两次，第一次为小麦播种前随耕地将一部分氮肥耕翻于地下，成为底肥，第二次为结合春季浇水进行的春季追肥。传统小麦栽培，底肥一般占60%～70%，追肥占30%～40%；追肥时间一般在返青至起身期。氮肥后移技术将底氮肥的比例减少到30%～50%，追肥的比例增加到50%～70%，同时，将春季追肥时间后移，一般移至拔节期，部分高产地块甚至移至拔节至挑旗期。氮肥后移技术可大幅度提高氮肥的利用效率，有利小麦高产、优质目标的实现。

（一）氮肥后移可提高光合作用强度

与传统追肥时期相比，氮肥后移可以显著提高开花后的小麦植株的光合作用强度。拔节期追氮处理旗叶光合速率显著高于起身期追氮处理，氮肥后移对减缓自灌浆期旗叶光合作用的衰减有重要意义。

（二）氮肥后移与干物质积累和分配

在挑旗以前，起身期施氮处理的干物质总重量和日积累量明显高于起身期施氮的处理，这个趋势一直持续到成熟。成熟时，拔节期经氮肥处理的小麦干物质重量显著高于起身期施氮的处理。氮肥后移有利于提高光合产物向穗部器官运输的比重，可明显提高经济系数。

（三）氮肥后移可明显改善品质

施肥时期后移和重施拔节肥使蛋白质含量、湿面筋含量、面团稳定时间和面包体积明显增加，有利于改善小麦加工品质。

二、小麦化控技术

随着科学技术和农业生产的发展，运用植物生长调节剂调控作物的生长发育和产量品质形成的技术（简称化控技术）已经成为当前农业生产中不可或缺的技术之一。化控技术的基本原理是利用外源植物生长调节物质作用于作物，特异性的对作物的内源激素系统进行调控，诱导作物生长发育的生理过程定向的发生变化，从而达到特定的目的。目前，世界上大约有200种调节剂应用于农业生产，在现代农业生产过程中发挥着巨大的作用，解决了许多农业生产的难题，如多效唑在稻麦抗倒伏、控制旺长等方面的应用，赤霉素在杂交水稻制种方面的应用，缩节安在棉花控旺、密植方面的应用等。与传统栽培技术相比，化控技术具有高效、简便和投入产出比高等突出优点。

化控技术在小麦生产中的应用从范围来看，主要用于壮苗、抗倒伏、增产、提高品质、提高抗逆性以及抗穗发芽等方面，从应用方法来看，主要有拌种、浸种、叶面喷施等。目前，国内应用于小麦的调节剂种类众多，如应用于小麦控旺、壮苗、抗倒伏的多效唑、矮壮素、烯效唑、乙烯利等，应用于小麦提高灌浆速度增产的有油菜素内酯、萘乙酸等，应用于抗穗发芽的脱落酸等。值得注意的是，化控技术的使用有其严格的技术规程和使用对象，使用过程中应考虑苗情、浓度、安全性等问题，使用技术不当会导致无效甚至减产。

化控技术在黄淮麦区小麦生产中应用广泛，主要解决倒伏、增产、提高品质以及提高抗逆性（如干热风）等问题。根据研究、示范和应用的情况，广泛适应于整个小麦产业带且效果一致、表现良好的化控防倒伏技术主要有如下两种。

（一）应用20%甲·多微乳剂防止倒伏技术

20%甲·多微乳剂（商品名：壮丰安、麦业丰）是中国农业大学研制的复混型调节剂，其技术原理是利用调节剂调控小麦内源激素系统，促使根系发达，定向缩短基部1~3节间长度，延长穗下节间长度，使小麦在提高抗倒伏能力的同时又具备增产的能力，解决了多效唑等调节剂容易导致穗下节、穗部发育畸形导致减产的问题。优点是溶解性好，分散均匀，抗倒效果好，低毒、低残留，对品质有一定的改良作用，对小麦增产幅度在10%以上。在小麦生理拔节期使用效果最好，应用20%甲·多微乳剂进行叶面喷施，提高小麦抗倒伏能力，用量30~50ml/亩。用量应根据苗情而定，一般麦田使用30ml/亩，旺苗、群体过大的麦田使用50ml/亩。

（二）应用4.2%萘乙酸水剂增产、抗逆、保优技术

4.2%萘乙酸水剂（商品名：丰优素、麦健）是河南省农业科学院小麦研究所研制的新型复配制剂，近年来在黄淮麦区的河南、安徽、山东等地应用较多，效果良好。其原理是提高小麦籽粒灌浆速度，促进小麦生育后期茎秆、叶片等部位的光合产物向籽粒的运输和分配，特点是无毒、无残留，使用方便，综合功效高。可以有效抵抗后期干热风、连阴雨等灾害性天气导致的减产，同时，可以提高小麦籽粒蛋白含量2%左右，提高面团稳定时间2~3min，增产幅度稳定在10%以上。扬花后5~10d，使用4.2%萘乙酸水剂进行叶面喷施，提高小麦抗干热风能力，增产并提高品质。用量20~40ml/亩。使用时注意以小麦穗部和上部叶片为喷施重点。

主要参考文献

蔡庆生，吴兆苏. 1993. 小麦籽粒生长各阶段干物质积累量与粒重的关系[J]. 南京农业大学学报（1）：27-32.

蔡瑞国，张敏，戴忠民，等. 2006. 施氮水平对优质小麦旗叶光合特性和子粒生长发育的影响[J]. 植物营养与肥料学报（1）：49-55.

常晓慧，孔德刚，井上光弘，等. 2011. 秸秆还田方式对春播期土壤温度的影响[J]. 东北农业大学学报，42（5）：117-120.

陈蓓，张仁陟. 2004. 免耕与覆盖对土壤微生物数量及组成的影响[J]. 甘肃农业大学学报，39（6）：634-638.

陈贵，康宗利，张立军. 1998. 低温胁迫对小麦生理生化特性的影响[J]. 麦类作物学报（3）：45-46.

陈亮亮，黄高宝，李玲玲. 等. 2014. 不同耕作措施对小麦水分利用的影响及机制[J]. 甘肃农业大学学报，1：48-53.

陈思思，李春燕，杨景，等. 2014. 拔节期低温冻害对扬麦16光合特性及产量形成的影响. 扬州大学学报（农业与生命科学版），35（3）：59-64.

陈四龙，陈素英，孙宏勇. 等，2006. 耕作方式对冬小麦棵间蒸发及水分利用效率的影响[J]. 土壤通报，37（4）：817-820.

陈素英，张喜英，胡春胜，等. 2002. 秸秆覆盖对夏玉米生长过程及水分利用的影响[J]. 干旱地区农业研究，20（4）：55-57.

程宏波. 2016. 覆盖与秸秆还田对旱地小麦土壤水热条件及产量形成的影响[D]. 兰州：甘肃农业大学.

党红凯，曹彩云，郑春莲，等. 2016. 造墒与播后镇压对小麦冬前耗水和生长发育的影响[J]. 中国生态农业学报，24（8）：1 071-1 079.

董爱玲，颉建明，李杰，等. 2017. 低温驯化对低温胁迫下茄子幼苗生理活性的影响[J]. 甘肃农业大学学报，52（1）：74-79.

董文旭，陈素英，胡春胜，等. 2007. 少免耕模式对冬小麦生长发育及产量性状的影响[J].

华北农学报，22（2）：141-144.

段玉田，陈永杰，贾文兰，等.1994.限水灌溉对冬小麦产量和水分生产效率的影响[J].山西农业科学，1：16-19.

樊怀福，蒋卫杰，郭世荣.2005.低温对番茄幼苗植株生长和叶片光合作用的影响[J].江苏农业科学，3：89-91.

冯冬丽.2010.冬灌对小麦生长的影响及应注意的问题[J].种业导刊（12）：26.

冯素伟，李小军，丁位华，等.2015.不同小麦品种开花后植株抗倒性变化规律[J].麦类作物学报，35（3）：334-338.

高明，周保同，魏朝富，等.2004.不同耕作方式对稻田土壤动物、微生物及酶活性的影响研究[J].应用生态学报，15（7）：1 775-1 181.

高亚军，朱培立，黄东迈，等.2000.稻麦轮作条件下长期不同土壤管理对有机质和全氮的影响[J].土壤与环境，9（1）：27-30.

巩杰，黄高宝，陈利顶.2003.旱作麦田秸秆覆盖的生态综合效应研究[J].干旱地区农业研究，21（3）：69-73.

关雅楠，张文静，石小东，等.2012.低温胁迫对不同基因型稻茬小麦光合性能的影响[A].中国作物学会栽培专业委员会小麦学组.第十五次中国小麦栽培科学学术研讨会论文集[C].中国作物学会栽培专业委员会小麦学组.

郭建平，高素华.2003.土壤水分对冬小麦影响机制研究[J].气象学报（4）：501-506.

郭清毅，黄高宝，Guang-di Li，等.2005.保护性耕作对旱地麦豆双序列轮作农田土壤水分及利用效率的影响[J].水土保持学报，19（3）：165-169.

郭晓霞，刘景辉，张星杰，等.2010.不同耕作方式对土壤水热变化的影响[J].中国土壤与肥料，5：65-70.

韩宾，李增嘉，王芸，等.2007.土壤耕作及秸秆还田对冬小麦生长状况及产量的影响[J].农业工程学报，23（2）：48-53.

何进，李洪文，高焕文.2006.中国北方保护性耕作条件下深松效应与经济效益研究[J].农业工程学报，22（10）：62-67.

贺明荣，王振林.2004.土壤紧实度变化对小麦籽粒产量和品质的影响[J].西北植物学报（4）：649-654.

霍竹，王璞，付晋峰.2006.秸秆还田与氮肥施用对夏玉米物质生产的影响研究[J].中国生态农业学报，14（2）：95-98.

霍竹，王璞，邵明安，等.2004.秸秆还田配施氮肥对夏玉米灌浆过程和产量的影响[J].干旱地区农业研究，22（4）：33-38.

冀天会，张灿军，杨子光，等.2005.冬小麦叶绿素荧光参数与品种抗旱性的关系[J].麦类作物学报（4）：64-66.

贾延明，尚长青，张振国. 2002. 保护性耕作适应性试验及关键技术研究[J]. 农业工程学报，18（1）：78-81.

简令成. 1981. 影响植物抗寒力的几个因素[J]. 植物杂志，6：11-13.

江泽普，黄绍民，韦广泼，等. 2007. 不同连作免耕稻田土壤肥力变化与综合评价[J]. 西南农业学报，20（6）：1 250-1 254.

靖华，亢秀丽，马爱平，等. 2011. 晋南旱垣春季低温对不同播种期小麦冻害的影响[J]. 中国农学通报，9：76-80.

康红，朱保安，洪利辉，等. 2001. 免耕覆盖对旱地土壤肥力和小麦产量的影响[J]. 陕西农业科学，9：1-3.

亢秀丽，靖华，马爱平，等. 2015. 小麦播种过程板结疏松装置的研制与应用[J]. 中国农学通报，31（36）：31-34.

雷金银，吴发启，王健，等. 2008. 保护性耕作对土壤物理特性及玉米产量的影响[J]. 农业工程学报，24（10）：40-45.

李春燕，陈思思，徐雯，等. 2011. 苗期低温胁迫对扬麦16叶片抗氧化酶和渗透调节物质的影响[J]. 作物学报，37（12）：2 293-2 298.

李娇，杨培珠，李立功，等. 2011. 影响小麦抗寒性的主要因素[J]. 天津农业科学，5：32-35.

李玲玲，黄高宝，张仁陟，等. 2005. 免耕秸秆覆盖对旱作农田土壤水分的影响[J]. 水土保持学报，19（5）：94-116.

李少昆，王克如，冯聚凯，等. 2006. 玉米秸秆还田与不同耕作方式下影响小麦出苗的因素[J]. 作物学报，32（3）：464.

李雁鸣. 1996. 河北省不同生态条件下冬小麦高效灌水技术的研究[J]. 江苏农学院学报（增刊），17：184-189.

李友军，吴金芝，黄明，等. 2006. 不同耕作方式对小麦旗叶光合特性和水分利用效率的影响[J]. 农业工程学报，22（12）：44-48.

李志亮，王刚，吴忠义，等. 2005. 脯氨酸与植物抗渗透胁迫基因工程改良研究进展[J]. 河北师范大学学报，4：404-408.

凌启鸿，陆卫平，蔡建中，等. 2001. 水稻根系分布与叶角关系的研究初报[J]. 作物学报，15（2）：123-135.

刘丰明，陈明灿，郭香凤，等. 1997. 高产小麦粒重形成的灌浆特性分析[J]. 麦类作物学报（6）：38-41.

刘丽平，欧阳竹. 2011. 灌溉模式对不同群体小麦茎秆特征和倒伏指数的影响[J]. 华北农学报，26（6）：174-180.

刘世平，张洪程，戴其根，等. 2005. 免耕套种与秸秆还田对农田生态环境及小麦生长的影响[J]. 应用生态学报，16（2）：393-396.

刘爽，何文清，严昌荣，等. 2010. 不同耕作措施对旱地农田土壤物理特性的影响[J]. 干旱地区农业研究，28（2）：65-70.

刘万代，郭天财，韩建芬，等. 2001. 镇压对高产田冬小麦生长发育的影响[J]. 耕作与栽培（6）：33-35.

刘武仁，郑金玉，罗洋，等. 2008. 玉米留茬少、免耕对土壤环境的影响[J]. 玉米科学，16（4）：123-126.

刘艳阳，李俊周，陈磊，等. 2006. 低温胁迫对小麦叶片细胞膜脂质过氧化产物及相关酶活性的影响[J]. 麦类作物学报，4：70-73.

吕美蓉，李增嘉，张涛，等. 2010. 少免耕与秸秆还田对极端土壤水分及冬小麦产量的影响[J]. 农业工程学报，26（1）：41-46.

毛凤梧，蒋向，王策，等. 2017. 不同时期镇压对豫西旱地小麦生长发育的影响[J]. 农业科技通讯（4）：48-50.

宁德峰，郝齐芬. 2004. 麦田镇压的生态生理效应及技术[J]. 河南气象（1）：36-37.

牛灵安. 1999. 曲周试区集约种植条件下N、P、K的动态研究[D]. 北京：中国农业大学.

庞锡富，孙培章，刘洪彬，等. 1994. 冬小麦霜冻害的成因、表现与防御[J]. 耕作与栽培，5：43-45.

秦红灵，高旺盛，马月存，等. 2008. 两年免耕后深松对土壤水分的影响[J]. 中国农业科学，41（1）：78-85.

邱莉萍，刘军，王益权，等. 2004. 土壤酶活性与土壤肥力的关系研究[J]. 物营养与肥料学报，10（3）：277-280.

全春香，历春萌，张雷. 2016. 不同镇压强度对小麦墒情苗情影响试验[J]. 现代农村科技（3）：57-58.

史占良，郭进考. 1997. 冷害对小麦生长发育及产量影响的研究[J]. 河北农业科学，1：1-4.

苏子友，杨正礼，王德莲，等. 2004. 豫西黄土坡耕地保护性耕作保水效果研究[J]. 干旱地区农业研究，22（3）：6-9.

孙建，刘苗，李立军，等. 2009. 免耕与留茬对土壤微生物量CN及酶活性的影响[J]. 生态学报，29（10）：5 508-5 515.

孙岩，张宏纪，辛文利，等. 2013. 苗期镇压与矮壮素结合处理对小麦生育及其基部节生长的影响[J]. 黑龙江农业科学（2）：14-16.

孙艳，王益权，杨梅，等. 2005. 土壤紧实胁迫对黄瓜根系活力和叶片光合作用的影响[J]. 植物生理与分子生物学学报（5）：545-550.

唐拴虎，杨改河，申云霞. 1994. 旱地冬小麦产量与水分及施肥量关系的模拟研究[J]. 干旱地区农业研究，3：69-73.

汪强. 2015. 低温对不同基因型小麦生理生化特性的影响及相应修复研究[D]. 合肥：安徽农业大学.

王宝山. 1988. 生物自由基与植物膜伤害[J]. 植物生理学通讯，2：12-16.

王昌全，魏成明，李廷强，等. 2001. 不同免耕方式对作物产量和土壤理化性状的影响[J]. 四川农业大学学报，1（2）：152-154.

王冬梅. 2009. 植物组织中可溶性糖、淀粉、氨基酸及蛋白质的系列测定[A]. 生物化学实验指导[M]. 北京：科学出版社.

王法宏，王旭清，任德昌，等. 2003. 土壤深松对小麦根系活性的垂直分布及旗叶衰老的影响[J]. 核农学报，17（1）：56-61.

王芬娥，黄高宝，郭维俊，等. 2009. 小麦茎秆力学性能与微观结构研究[J]. 农业机械学报，40（5）：92-95.

王付江. 2012. 小麦越冬水的作用与科学冬灌[J]. 种业导刊（11）：21.

王立国，许民安，鲁晓芳，等. 2003. 冬小麦子粒灌浆参数与千粒重相关性研究[J]. 河北农业大学学报（3）：30-32.

王瑞霞，闫长生，张秀英，等. 2018. 春季低温对小麦产量和光合特性的影响[J]. 作物学报，44（2）：288-296.

王晓楠，付连双，李卓夫，等. 2009. 低温驯化及封冻阶段不同冬小麦品种叶绿素荧光参数的比较[J]. 麦类作物学报，1：83-88.

王玉庭. 2010. 实现小麦供需平衡的贸易可行性研究[D]. 北京：中国农业科学院.

王振忠，董百舒，等. 2002. 太湖稻麦地区秸秆还田增产及培肥效果[J]. 安徽农业科学，30（2）：269-271.

魏凤珍，李金才，王成雨，等. 2008. 氮肥运筹模式对小麦茎秆抗倒性能的影响[J]. 作物学报（6）：1 080-1 085.

吴少辉，高海涛，王书子，等. 2002. 干旱对冬小麦粒重形成的影响及灌浆特性分析[J]. 干旱地区农业研究（2）：49-51.

吴沅英，方志伟，程在全，等. 1988. 小麦叶片、叶肉细胞、叶绿体的形态、结构与光合速率的关系[J]. 电子显微学报（3）：45.

肖国胜. 2009. 如何对小麦进行适时镇压[J]. 现代农村科技（23）：14.

肖剑英，张磊，谢德体. 2002. 长期免耕稻田的土壤微生物与肥力关系研究[J]. 西南农业大学学报，24（1）：82-85.

谢森传，惠士博，杜永孝，等. 1994. 喷灌条件下冬小麦田间水分管理理论和技术研究[J]. 北京水利，5：48-55.

熊文愈，姜志林. 1994. 中国农林复合经营研究与实践[M]. 南京：江苏科学技术出版社.

徐龙，钱金生. 1993. 雪后低温冻害对大麦生长和产量的影响[J]. 大麦科学，3：35-36.

徐雯，杨景，郑明明，等. 2013. 低温对小麦植株形态、生理生化的影响及其防御研究[J]. 金陵科技学院学报，29（2）：62-68.

徐阳春，沈其荣，储国良，等. 2000. 水旱轮作下长期免耕和施用有机肥对土壤某些肥力性状的影响[J]. 应用生态学报，11（4）：549-552.

薛汉文，谢惠民，刘立明. 2003. 冬灌对陕西关中地区小麦增产的作用[J]. 陕西农业科学（1）：26-27.

闫翠萍，肖俊红，张晶，等. 2017. 冬水前移对冬小麦生长及水分利用效率的影响[J]. 中国生态农业学报（17）：122-123.

闫丽霞，于振文，石玉，等. 2017. 测墒补灌对2个小麦品种旗叶叶绿素荧光及衰老特性的影响[J]. 中国农业科学，50（8）：1 416-1 429.

严洁，邓良基，黄剑. 2005. 保护性耕作对土壤理化性质和作物产量的影响[J]. 中国农机化，2：31-34.

杨青，薛少平，朱瑞祥，等. 2007. 中国北方一年两作区保护性耕作技术研究[J]. 农业工程学报，23（1）：32-39.

杨晓娟，李春俭. 2008. 机械压实对土壤质量、作物生长、土壤生物及环境的影响[J]. 中国农业科学，7：2 008-2 015.

杨晓民，刘素爱. 2008. 小麦冻害类型、症状及对策[J]. 种业导刊，3：28.

杨云马，贾树龙，孟春香. 2005. 免耕麦田土壤速效养分含量动态研究[J]. 河北农业科学，9（3）：25-28.

姚宇卿，王育红，吕军杰，等. 2008. 不同保护性耕作模式对冬小麦生长发育及水分利用的影响[J]. 农业系统科学与综合研究，24（2）：249-256.

叶宝兴，谭秀山，王婷婷，等. 2009. 不同水分管理对于冬小麦苗期生长发育的影响[C]. 第26届中国气象学会年会农业气象防灾减灾与粮食安全分会场论文集，7.

于晶，张林，苍晶，等. 2008. 冬小麦抗寒性的研究进展[J]. 东北农业大学学报，11：123-127.

于晓蕾，吴普特，汪有科，等. 2007. 不同秸秆覆盖量对冬小麦生理及土壤温、湿状况的影响[J]. 灌溉排水学报，26：41-44.

于振文. 2003. 作物栽培学各论[M]. 北京：中国农业出版社.

张迪. 2014. 播后镇压和冬前灌溉对小麦抗寒性和产量的影响[D]. 保定：河北农业大学.

张海林，秦耀东，朱文珊. 2003. 耕作措施对土壤物理性状的影响[J]. 土壤，2：140-143.

张起刚，何昌永，王化国，等. 1993. 应用^{15}N示踪技术研究冬灌对小麦生长发育及吸收N素的影响[J]. 核农学通报（4）：22-26.

张胜爱，郝秀钗，崔爱珍，等. 2013. 不同播种措施对河北冬小麦产量影响研究[J]. 中国农学通报，29（15）：98-102.

张胜爱，马吉利，崔爱珍，等. 2006. 不同耕作方式对冬小麦产量及水分利用状况的影响
[J]. 中国农学通报，22（1）：110-113.

张淑香，吕庭宏，杨建林，等. 1999. 旱塬农区秸秆还田对土壤理化性质的影响[J]. 土壤肥
料（4）：15-17.

张伟，张冬梅，樊修武，等. 2010. 不同耕作方式对旱地土壤环境和玉米产量的影响[J]. 山
西农业科学，38（7）：44-47.

张锡洲，李廷轩，余海英，等. 2006. 水旱轮作条件下长期自然免耕对土壤理化性质的影
响[J]. 水土保持学报，20（6）：145-147.

张喜英，裴冬，由懋正. 2001. 太行山前平原冬小麦优化灌溉制度的研究[J]. 水利学报，
1：90-95.

张艳，张洋，陈冲，等. 2009. 水分胁迫条件下施氮对不同水氮效率基因型冬小麦苗期生
长发育的影响[J]. 麦类作物学报，29（5）：844-848.

张永丽，于振文，郑成岩，等. 2009. 不同灌水处理对强筋小麦济麦20耗水特性和籽粒淀
粉组分积累的影响[J]. 中国农业科学，12：4 218-4 227.

张永平，王志敏，黄琴，等. 2008. 不同水分供给对小麦叶与非叶器官叶绿体结构和功能
的影响[J]. 作物学报（7）：1 213-1 219.

张正茂，王虎全. 2003. 渭北地膜覆盖小麦最佳种植模式及微生境效应研究[J]. 干旱地区农
业研究，3：55-60.

张志国，徐琪，BlevinsR L. 1998. 长期秸秆覆盖免耕对土壤某些理化性质及玉米产量的影
响[J]. 土壤学报，35（4）：384-391.

赵洪利，李军，贾志宽，等. 2009. 不同耕作方式对黄土高原旱地麦田土壤物理性状的影
响[J]. 干旱地区农业研究，27（3）：17-21.

赵俊晔，于振文. 2006. 中国优质专用小麦的生产现状与发展的思考[J]. 中国农学通报
（3）：171-174.

赵培培. 2014. 低温下外源硅调控春小麦种子萌发与幼苗生长及生理生化机制研究[D]. 大
庆：黑龙江八一农垦大学.

赵艳. 2009. 黄瓜植株机械损伤效应及防御酶应答的研究[D]. 呼和浩特：内蒙古农业大学.

赵志刚，徐亮，余青兰，等. 2011. 春油菜播后镇压效果分析[J]. 青海大学学报（自然科学
版），5：31-34.

郑成岩. 2011. 土壤水分与耕作方式对冬小麦水分利用特性和碳氮代谢及产量的影响[D].
泰安：山东农业大学.

郑成岩，于振文，马兴华，等. 2008. 高产小麦耗水特性及干物质的积累与分配[J]. 作物学
报（8）：1 450-1 458.

郑成岩，于振文，张永丽，等. 2013. 土壤深松和补灌对小麦干物质生产及水分利用率的影响[J]. 生态学报，33（7）：2 260-2 271.

郑存德，依艳丽，黄毅，等. 2011. 耕作模式对棕壤酶活性的影响研究[J]. 水土保持学报（3）：174-184.

周祖富，黎兆安. 2005. 植物生理学实验指导[M]. 北京：中国农业出版社.

朱新开，郭文善，封超年，等. 2005. 不同类型专用小麦氮素吸收积累差异研究[J]. 植物营养与肥料学报，2：148-154.

诸德辉. 1996. 北方冬小麦栽培技术[M]. 中国小麦学，595-650.

Aebi H. 1984. Catalase in vitro[J]. Methods of Enzymology，105：121-126.

Akhkha A，Boutraa T，Alhejely A. 2011. The Rates of Photosynthesis，Chlorophyll Content，Dark Respiration，Proline and Abscicic Acid（ABA）in Wheat（Triticum Durum）under Water Deficit Conditions[J]. International Journal of Agriculture and Biology，13（2）：215- 221.

Angadi S V，Entz M. 2002. Root system and water use patterns of different height sun flower cultivars [J]. Agronomy Journal，94：136-145.

Antonio F M，Dryanova A，Brigitte M，et al. 2007. Regulatory gene candidates and gene expression analysis of cold acclimation in winter and spring wheat[J]. Plant Mol Biol，64：409-423.

Arnon D I. 1949. Copper enzymes in isolated chloroplasts polyphenoloxidase in Bera vulgaris [J]. Plant Physiology，24：1-15.

Attila V，Ildiko K，Gabor G，et al. 1999. Frost hardiness depending on carbohydrate changes during cold acclimation in wheat[J]. Plant Science，144：85-92.

Balesdent J. 1990. Effects of tillage on soil organic carbon mineralization estimated from 13 Cabundance inmaize fields[J]. Soil-Sci1 Oxford Black Well Scientific Publications，41（4）：587-598.

Chance B，Site H，Boveris A. 1979. Hydroperoxide metabolism in mammalian organs[J]. Physioloical Reviews，59（3）：527-605.

Chen H H，Li P H，Bermrer M L. 1983. Involvement of abscise acid in potato cold acclimation[J]. Plant Physiology，71：362-365.

Constantine N，Giannopolitis，Stanley K. 1977. Ries. Superoxide Dismutases I. Occurrence in higher in higher plants[J]. Plant Physiolog，59：309-314.

Dat J，Vandenabeel S，Vranova E，et al. 2000. Dual Action of the Active-oxygen Species during Plant Stress Responses[J].Cellular and Molecular Life Sciences，57：779-795.

Fan Q H，Sun W C，Li Z J，et al. 2009. Effects of silicon on photosynthesis and its major relevant activities in wheat leaves under short-term cold stress[J]. Plant Nutrition and Fertilizer Science, 15 (3): 544-550.

Fan X M, Jiang D, Dai T B, et al. 2005. Effects of nitrogen supply on flag leaf photo synthesis and grain starch accumulation of wheat from its anthesis to maturity under drought or water logging[J]. Chinese Journal of Applied Ecology, 16 (10): 1 883-1 888.

Fernandez-Ugalde O, V irtoI, Bescansa P. 2009. No-tillage improvement of soil physical quality in calcareous, degr-adation prone, semiarid soil[J]. Soil and Tillage Research, 106: 29-35.

Fryer M J, Andrews J R, Oxborough K, et al. 1998. Relationship between CO_2 assimilation, photosynthetic electron transport, and active O_2 metabolism in leaves of maize in the field during periods of low temperature[J]. Plant Physiology, 116 (2): 571-580.

Galiba G, Kerepesi L, Vagujfalvi A, et al. 2001. Mapping of genes involved in glutathione, carbohydrate and COR14b cold induced protein accumulation during cold hardening in wheat[J]. Euphytica, 119: 173-177.

Gao H W, Li W Y. 2003. Chinese conservation tillage[C]. Australia: Proceedings of the 16th ISTRO Conference, 465-47.

Gao H W, Li W Y. 2003. Chinese Conservation Tillage[J]. ISTROC Australia, 465 – 470.

Gomes F P, Oliva M A, Mielke M S, et al. 2010. Osmotic Adjustment, Proline Accumulation and Cell Membrane Stability in Leaves of Cocos Nucifera Submitted to Drought Stress[J]. Scientia Horticulturae, 126 (3): 379-384.

Han Z J, Yu Z W, Wang D, et al. 2010. Effects of supplemental irrigation based on testing soil moisture on dry matter accumulation and distribution and water use efficiency in winter wheat[J]. Acta Agronomica Sinica, 36 (3): 457-465.

Hao X, Chang C, Conner R L, et al. 2001. Effect of minimum tillage and crops equence on crop yield and quality under irrigation in a southern Albertaclayloam soil[J]. Soil Tillage Res, 59: 45-55.

He J, Li H W, Wang X Y, et al. 2007. The adoption of annual subsoiling as conservation tillage in dry land maize and wheat cultivation in northern China[J]. Soil Tillage Res, 94: 493-502.

Hepler P K, Wayne R O. 1985. Calcium and Plant Development[J]. Ann Rev Plant Physiol, 36: 397-439.

Holmberg N, Farres J, Bailey J E, et al. 2001. Targeted expression of a synthetic codon optimized gene, encoding the spruce budworm antifreeze protein, leads to accumulation of antifreeze activity in the apoplasts of transgenic tobacco[J]. Gene, 275 (1): 115-124.

Huang Y, Chen L D, Fu B J, et al. 2005. The wheat yields and water-use efficiency in the Loess Plateau: straw mulch and irrigation effects[J]. Agricultural Water Management, 72: 209-222.

Hurry V M, Huner N P A. 1992. Effect of cold hardening on sensitivity of winter and spring wheat leaves to short-term photoinhibition and recovery of photosynthesis[J]. Plant Physiology, 100 (3): 1 283-1 290.

Javadian N, Karimzadeh G, Mahfoozi S, et al. 2010. Cold-induced Changes of Enzymes, Proline, Carbohydrates, and Chlorophyll in Wheat Cold-induced[J]. Russian Journal of Plant Physiology, 57 (4): 540-547.

Jean-Marie Briantais, Jose Dacosta, Y. 1996. Goulas, Jean-Marc Ducruet, Ismael Moya. Heat induces in leaves an increase of the minimum level of chlorophyll fluorescence, Fo: A time-resolved analysis[J]. Photosynthesis Resenrch, 48: 189-196.

Kocsy G, Pal M, Soltesz A, et al. 2011. Low Temperature and Oxidative Stress in Cereals[J]. Acta Agronomica Hungarica, 59 (2): 169-189.

Kuk Y I, Shin J S, Burgos N R, et al. 2003. Anti-oxidative Enzymes Offer Protection from Chilling Damage in Rice Plants[J]. Crop Science, 43: 2 109-2 117.

Li J C, Wei F Z, Wang C Y, et al. 2006. Effects of Water logging on Senescence of Root System at Booting Stage in Winter Wheat[J]. Acta Agronomica Sinica, 32 (9): 1 355-1 360.

Li S D, Wang F H, Si J S, et al. 2009. Association between morphological and physiological traits and water use efficiency in wheat (Triticum aestivumL.) [J]. Journal of Triticeae Crops, 29 (5): 855-858.

Li Y J, Wu J Z, Huang M, et al. 2006. Effects of different tillage systems on photosynthesis characteristics of flag leaf and water use efficiency in winter wheat[J]. Transactions of the CSAE, 22 (12): 44-48.

Li H, Jiang D, Wollenweber B, et al. 2010. Effects of shading on morphology, physiology and grain yield of winter wheat[J]. European Journal of Agronomy, 33 (4): 267-275.

Liao Y C, Han S M, Wen X X. 2002. Soil Water Content and Crop Yield Effects of Mechanized Conservative Tillage-Cultivation System for Dry-land Winter Wheat in the Loess Table land. Transactions of the CSAE, 18 (4): 68-71.

Liedgens M, Richner W. 2001. Minirhizotron observations of the spatial distribution of the maize root system[J]. Agronomy Journal, 93: 1 097–1 104.

Liu Wenna, Wu Wenliang, Wang Xiubin, et al. 2006. Effects of soil type and land use pattern on microbial biomass carbon[J]. Plant Nutrition and Fertilizer Science, 12 (3): 406–411.

Ma Yuanyuan, Fang Yali, Lu Tian, et al. 2009. Roles of Plant Soluble Sugars and Their Responses to Plant Cold Stress[J]. African Journal of Biotechnology, 8 (10): 2 004–2 010.

Ma Yuecun, Qin Hongling, Gao Wangsheng, et al. 2007. Dynamics of soil water content under different tillagein agriculture-pasture transition zone. Acta Ecologica Sinica, 27 (6): 2 523–2 530.

Madejn E, Moreno F, Murillo J M, et al. 2007. Soil biochemical response to long-term conservation tillage under semi-arid Mediterranean conditions[J]. Soil and Tillage Research, 94: 346–352.

Mark A L, Mahdi A. 2005. Strip-tillage effect on seedbed soil temperature and other soil physical properties[J]. Soil & Tillage Research, 80: 233–249.

Miao G Y, Gao Z Q, Zhang Y T, et al. 2002. Effect of Water and Fertilizer to Root System and Its Correlation with Tops in Wheat[J]. Acta Agron mica Sinica, 28 (4): 445–450.

Oquist G, Hurry V M, Huner N P A. 1993. Low-temperature effects on photosynthesis and correlation with freezing tolerance in spring and winter cultivars of wheat and rye[J]. Plant Physiology, 101 (1): 245–250.

Patterson B D. 1984. An Inhibitor of Catalase Induced by Cold Inchilling Sensitive Plant[J]. Plant Physiol, 76: 1 014–1 017.

Patton A J, Cunningham S M, Volenec J J, et al. 2007. Differences in freeze tolerance of Zoysiagrasses: II. Carbohydrateand proline accumulation[J]. Crop Science, 47: 2 170–2 181.

Qu X F, Lu S M, Wang L H, et al. 2010. The response of different drought-resistance of wheat varieties under drought stress and the regulating role of nitric oxygen[J]. Agricultural Science & Technology, 11 (4): 30–33.

Raczkowski C W. 2000. Effects of four tillage systems on corn root distribution in the North Carolina Piedmont[J]. Physical Properties, 54: 161–166.

Rao M V, Paliyath G, Ormrod D P. 1996. Ultraviolet-B and ozone-induced biochemical changes in antioxidant enzymes of Arabidopsis thaliana. Plant Physiol, 110: 125–136.

Reynolds M，Foulkes M J，Slafer G A，et al. 2009. Raising yield potential in wheat[J]. Journal of Experimental Botany，60（7）：1 899-1 918.

Shaver J M，Oldenburg D J，Bendich A J. 2008. The structure of chloroplast DNA molecules and the effects of light on the amount of chloroplast DNA during development in Medicago truncatula [J]. Plant Physiol，146（3）：1 064-1 074.

Subrahmanyam D，Subash N，Haris A，et al. 2006. Influence of water stress on leaf photosynthetic characteristics in wheat cultivars differing in their susceptibility to drought[J]. Photosynthetica，44（1）：125-129.

Sui N，Li M，Tian J C，et al. 2005. Photosynthetic characteris ics of super high yield wheat cultivars a tlate growth period[J]. Aca Agronomica Sinica，31（6）：808-814.

Sun H G，Zhang F S，2002. Morphology of wheat roots under low-phosphrus stress[J]. Acta Ecologica Sinica，13（3）：295-299.

Terzioglu S，Ekmekci Y. 2004. Variation of total soluble seminal root proteins of tetraploid wild and cultivated wheat induced at cold aoc；limation and freezing[J]. Acta Psiologiae Plantarurn，26（4）：443-450.

Toylar A O，Rowley J A. 1971. Plant under Climatic Stress：I.Low temperature，high effects on photosynthesis[J]. Plant Physiol，47（5）：713-718.

Trunova T I，Zvereva G H. 1977. Effect of Protein synthesis inhibitors on plant forest hardiness[J]. Fiziologiya ratenii，24：395-402.

Wang B R，Xu M G，Huang J L，et al. 2002. Study on change of soil fertility and fertilizer efficiency under long-term fertilization in upland of red soil[J]. Plant Nutrition and Fertilizer Science，8：21-28.

Wang F H，Wang X Q，Ren D C，et al. 2003. Effect of soil deep tillage on root activity and vertical distribution [J]. Agriculturae Nucleatae Sinica，17（1）：56-61.

Wang Q，Lin Q，Ni Y J，et al. 2009. Effect of conservation tillage on photosynthetic characteristics and yield of winter wheat in dry Land[J]. Journal of Triticeae Crops，29（3）：480-483.

Wang Y F，Yu Z W，Li S X，et al. 2003. Effects of nitrogen rates and soil fertility levels on root nitrogen absorption and assimilation and grain protein content of winter wheat[J]. Plant Nutrition and Fertilizer Science，9（1）：39-44.

Wojtaszek P. 1997. Oxidative burst：an early plant response to pathogen infection[J]. The Biochemical Journal，322：681-692.

Yao Z J，Li B L，Chen R Y，et al. 2011. Effects of water and nitrogen application on photosynthetic characteristics of flag leaves and grain yield of wheat[J]. Agricultural

Science & Technology, 12（2）: 258-261.

You J H, Lu J M. 2002. Effects of Ca^{2+} on photosynthesis and related physiological indexes of wheat seedlings under low temperature stress[J]. Acta Agronomica Sinica, 28（56）: 693-696.

Zhang Q D, Jiang G M, Zhu X G, et al. 2001. Photosynthetic capability of 12 genotypes of Triticu maestivum[J]. Acta Phytoecologica Sinica, 25（5）: 532-536.

Zhang Y Q, Miao G Y. 2006. Effects of Manure on Root and Shot Growth of Winter Wheat under Water Stress[J]. Acta Agronomica Sinica, 32（6）: 811-816.

Zhou S M, Wang C Y, Zhang Z Y, et al. 2001. Effect of Water logging on the Growth and Nutrient Metabolism of the Root System of Winter Wheat[J]. Acta Agronomica Sinica, 27（5）: 673-679.

Zhu J, Liang Y C, Ding Y F, et al. 2006. Effect of silicon on photosynthesis and its related physiological parameters in two winter wheat cultivars under cold stress[J]. Scientia Agricultura Sinica, 39（9）: 1 780-1 788.

Zhu P F, Yu Z W, Wang D, et al. 2010. Effects of tillage on water consumption characteristics and grain yield of wheat[J]. Scientia Agricultura Sinica, 43（19）: 3 954-3 964.